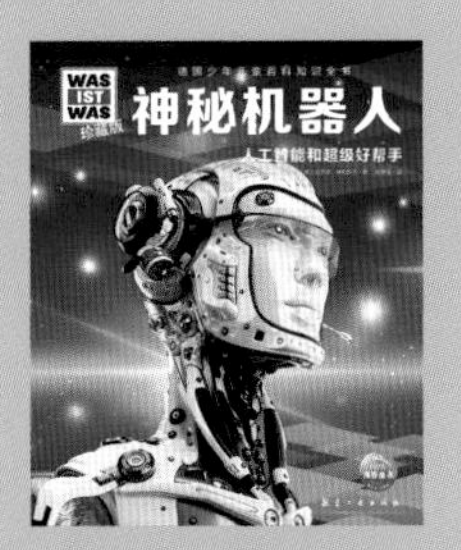

第一辑·全10册

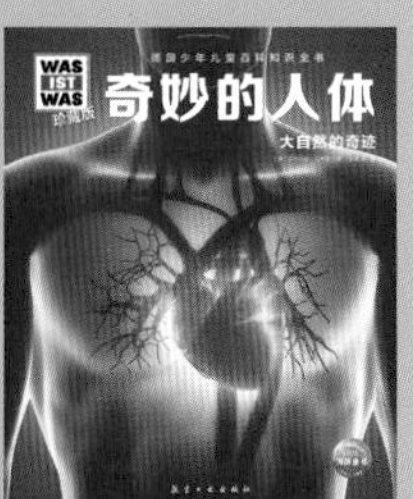

第二辑·全10册

第三辑·全10册

第四辑·全10册

第五辑·全10册

第六辑·全10册

第七辑·全8册

WAS IST WAS

学习源自好奇 科学改变未来

蚂蚁和白蚁

了不起的建筑师

[德] 雅丽珊德拉 · 里国斯 / 著　张依妮 / 译

航空工业出版社

方便区分出不同的主题！

真相大搜查

美味的点心：蚂蚁们嘴对嘴互相喂食。

8

敏捷的飞行员：交配前的蚁后。

6

4 昆虫王国

15

精巧无比的身体构造，井井有条的蚁巢生活。

19

肢体语言：这只红褐林蚁摆好姿势，发出准备进攻的信号。

12 蚂 蚁

31

未雨绸缪：蜜罐蚁就是活动的粮食储藏器。

符号 ▶ 代表内容特别有趣！

40
独特的尖塔：蚁冢可高达数米。

37
原始昆虫：婚飞前的白蚁。

38
非洲大草原上巨型蚁冢的内部结构。

42
贪吃鬼：土白蚁喜欢吃木头和纸张。

47
花园里的客人：黄毛蚁。

了不起的昆虫学家

编织蚁激起了昆虫学家浓厚的研究兴趣。

年少的伯特·霍尔多布勒正在用捕虫网捕捉昆虫。

13 岁的爱德华·威尔逊也喜欢研究昆虫。

在一个美丽的初夏，七岁的伯特·霍尔多布勒和父亲一起在郊外散步。此时的欧洲正处于第二次世界大战时期，但德国维尔茨堡附近的森林里一片宁静，丝毫没有战争的纷扰。伯特的父亲是一位军医，此时正在返乡度假，他喜欢利用空闲时间发展自己的兴趣爱好——动物学（尤其是昆虫学）。一路上，他们掀开各种石头和木块，寻找藏身其中的小昆虫。突然他们发现了一个蚁巢，小伯特充满好奇地观察着小蚂蚁，看它们是如何忙忙碌碌但又目标明确地把幼虫带到安全地带的。搬运工作几乎瞬间就结束了，蚂蚁们也迅速消失在地下通道里，这场搬运表演令伯特·霍尔多布勒终生难忘。从那时起，伯特开始在自家阳台上搭建人工蚁巢，饲养蚁群，观察并记录它们的行为，就像一位专业的自然科学家一样！

清香四溢的柠檬蚂蚁

在遥远的大西洋彼岸，少年爱德华·威尔逊正在穿越岩溪公园，利用自制的捕虫网、扫帚和衣架捕捉昆虫。这座自然公园位于美国首都华盛顿中部，被誉为野生动物的世外桃源。

爱德华·威尔逊从柠檬树上撕下一块腐烂的树皮，树干里突然冒出一股柠檬的香味，一群黄色的蚂蚁熙熙

生物学家伯特·霍尔多布勒（左）和爱德华·威尔逊是志同道合的好朋友。

伯特·霍尔多布勒在他的实验室里饲养了大量蚂蚁，他现居于美国。

攘攘地顺着树干爬出来。经他研究证实，这群黄色的蚂蚁就是柠檬蚂蚁。从那一刻起，他开始沉迷于研究这类微小的昆虫。后来，他还发现蚂蚁喜欢用气味进行交流，为蚂蚁的研究作出了巨大贡献。

这次影响深远的森林漫步过去 20 多年后，伯特·霍尔多布勒终于敲响了时任哈佛大学教授的爱德华·威尔逊的房门，两人迅速成为志同道合的朋友，书写了一段科学传奇，他们在蚂蚁行为研究领域的贡献至今无人能及。更重要的是，对蚂蚁研究的无限热情还将指引他们继续探索蚂蚁的奥秘。

小昆虫的大奥秘

通过观察昆虫王国的生存状态，威尔逊开始思考动物与动物，以及动物与人类之间的共存关系，例如生物是自私自利还是慷慨助人？遗传基因如何塑造行为？率先思考这些深奥的问题，让威尔逊成了社会生物学领域的思想领袖。但迄今为止，这些研究仍然存在争议，因为许多人并不乐于接受这一观点：我们的行为除了由理性和教育决定，还受生物学的影响。此外，作为蚂蚁专家，生物多样性也越来越引起威尔逊的注意，他无法忽视生物多样性正在以不可思议的速度锐减。作为环保主义者，他将不遗余力地保护自然界的生物多样性。他的事迹启示我们：研究看似不起眼的小动物并非不务正业，小小的昆虫世界往往会揭开大大的科学奥秘。

编织蚁用树叶建造精美的巢穴。众蚁齐心协力，把树叶弄弯，再把它们的边缘粘在一起。

团结力量大

创造纪录

8 百万

在南美洲的热带雨林里，一个切叶蚁家族的工蚁多达8百万只。

切叶蚁是分工协作的行家。大蚂蚁把叶片扛进巢穴里，小蚂蚁把叶片作为护盾，趴在上面，“搭便车”回家。

黑褐毛蚁家族的成员可分为三大类：

各种各样的蚂蚁和白蚁共同生活在昆虫王国，它们团结一致，共同抗击敌人，共同争夺食物与生存空间，成了昆虫王国了不起的族群。昆虫王国的组织方式完全不同于牛群和鸟群，牛群和鸟群中的动物们会为了寻求庇护而共同抵御捕食者，但平时每个成员都过着各自独立的生活，独自寻觅食物，独自哺育后代。

高大的士兵，瘦小的保姆

蚂蚁王国的成员们喜欢群居生活，彼此间分工明确。有些蚂蚁负责保卫族群，有些蚂蚁负责寻觅食物，还有一些则负责养育后代。尽管同属一个物种，但根据“职业”的不同，它们的外貌和体型也各有差异。兵蚁通常有较大的头部和发达的上颚，而工蚁则是蚁群中体形最小的蚂蚁。中等体形的工蚁会外出觅食，而

同一物种，不同分工：切叶蚁的工蚁。

知识加油站

- 共同生活在同一族群里且分工明确的动物被称为真社会性动物。
- 在真社会性昆虫族群里，每只小昆虫都会努力建设昆虫王国。
- 大多数蚂蚁都不能生育，只有蚁后才能繁殖后代。

红褐林蚁在巢穴上方建造了一个由枯枝、落叶和其他植物遗骸组成的“蚂蚁山丘”。

体形较小的工蚁则更喜欢留在巢穴里哺育幼虫，它们分工明确，各司其职。

姐妹成群的家族

为了全身心投入自己的工作，工蚁们会放弃生育，毕竟养育后代十分耗费心力。通常，一个蚂蚁王国里只有唯一一位成员负责繁衍后代，这位成员就是蚁后——整个蚁群的母亲，它每天除了产卵什么事都不做。为了让蚁后安心繁衍后代，工蚁们会全心全意为它服务，给它喂食，帮它清洁身体。有时候，一个蚂蚁王国里会有好几个蚁后，人们称之为“超级蚂蚁王国”。蚂蚁王国是女性的天下，所有工蚁都是女性。雄蚁的生命周期很短，它们唯一的任务就是：在合适的时间精心准备一场婚飞仪式，与蚁后交配，为蚁后受精，然后死去。

权利平等的白蚁

白蚁家族略有不同：在这里，大家更平等！蚁后和蚁王一起生活，定期交尾。兵蚁和工蚁既可以是雄性，也可以是雌性，彼此间都是兄弟姐妹。尽管偌大的昆虫王国成员众多，但它们组合在一起就像一个单一的生物体：蚁后是雌性生殖器官，兵蚁是免疫系统，工蚁就像身体里的脑细胞、血细胞和肝脏细胞，每个成员各司其职。因此，科学家喜欢称白蚁王国为“超级个体”。

工蚁正在小心翼翼地用自己的口器运输一颗刚刚产下的卵。

白蚁蚁冢的高度通常可达数米，辽阔的非洲大草原上到处都是它们的杰作。

白蚁的兵蚁上颚十分发达，就像一把二齿大叉。

蚂蚁家族的无私之谜

切叶蚁的兵蚁可以咬破人的皮肤。

查尔斯·达尔文

达尔文（1809—1882）是著名的生物学家，被誉为“进化论之父”，他曾对蚂蚁十分着迷。

根据达尔文的进化论，蚂蚁早就应该消失于这个世界，然而事实却是这种小型昆虫如今遍布世界，无处不在。这让 150 年前伟大的生物学家查尔斯·达尔文头疼不已，因为工蚁们无私奉献的精神似乎根本不符合他的进化论学说。所以这位科学家曾经花费了大量时间和精力，不遗余力地研究自家花园里的蚂蚁。

物竞天择，适者生存

在激烈的自然界生存大战中，幸存者往往是最强大、最聪明或者技术最娴熟的物种。身手敏捷的动物不会那么容易成为捕食者的猎物，因此它们的寿命更长，可以繁衍更多后代。生物的基因组中储存了各种遗传信息，这些基因一代一代遗传，随着时间的推移，基因遗传的特征将会越来越明显。在这个过程中，进化速度较慢的物种会逐渐灭绝。这种“适者生存，不适者被淘汰”的现象就是“自然选择”。但反观蚁群中的工蚁，它们保卫蚁巢，战斗力强，而且技艺娴熟，但从未想过繁殖后代！相反，它们把这个机会留给了蚁后。此外，工蚁们甚至愿意为了守卫族群而牺牲自己的生命，这一特征毫无疑问成了蚂蚁的遗传基因。但让工蚁主动交出繁殖权，或者阻碍它们繁殖的基因是

嘴对嘴喂食：一只红褐林蚁正在给比自己年幼的姐妹们喂食。

如果红火蚁的蚁巢被淹没，它们就会紧紧地依附在一起，聚成一团。

编织蚁团队合作：为了用树叶筑巢，这些小昆虫必须共同协作，付出巨大的努力。

如何演化而来的呢？主动牺牲自我的生物物种不应该很快就灭绝了吗？

谜团揭秘

英国生物学家杰克·霍尔丹发现了谜团的答案。曾有人问他："如果你的一个亲兄弟掉进了急流，你会冒死跳进去救他吗？"霍尔丹俏皮地说："不，一个亲兄弟的话不会。我只会冒着生命危险营救两个亲兄弟或八个表兄弟。"除了父母，孩子与其他亲属也有相同的遗传基因：他和亲兄弟（姐妹）体内的基因有二分之一是相同的，和叔叔或姑姑体内的基因有四分之一是相同的，和表兄弟（姐妹）体内的基因则只有八分之一是相同的。所以，无论杰克·霍尔丹选择牺牲自己拯救两个亲兄弟或者八个表兄弟，还是待在岸边让他们溺亡，最后留下来的基因都一样多。这意味着即使工蚁主动牺牲自我，保卫近亲，蚁群也不会灭绝，相同的遗传基因依然可以保存，并一代一代传承下去——因为近亲们也拥有相同的基因。

基因继续遗传

蚂蚁们与杰克·霍尔丹有同样的想法：在蚁群中，所有的工蚁都是好姐妹，它们为了蚁族无私奉献也是理所当然的。只有这样，蚁后才能将数以百万计的孩子带到这个世界。随后，在庞大的蚂蚁姐妹团中又将诞生未来的蚁后，组建自己的蚂蚁王国，而那些没有后代的工蚁们的基因就可以继续传承下去了。

火蚁的托儿所：工蚁喂养幼虫，舔舐幼虫，帮助它们清洁全身。它们在幼虫身上爬来爬去，小家伙们并不会因此而受伤。

你知道吗？

蚂蚁姐妹团的基因非常相似。没有受精的卵会发育为雄蚁，雄蚁体内只有来自母亲的一半遗传信息，这些遗传信息会全部传递给下一代蚂蚁。所以蚂蚁姐妹体内相同的遗传基因不像人类只有 50%，而是高达 75%。而白蚁之间的亲缘关系则和人类更为相似，只有 50%。

蜜蜂们分工协作，分泌蜂蜡，建造蜂巢，并在巢内储存香甜的蜂蜜。

动物王国的最佳团队

人类生活在不同的国家，一个国家会有主席、总理和许多官员，但我们并不是如同蚂蚁一样的真社会性动物！毕竟我们不会把生孩子的任务交给国家，大多数人会组建自己独立的家庭。实际上，真社会性动物在大自然中比较罕见，蚂蚁就是其中的典型代表。除了蚂蚁之外，蜜蜂也属于真社会性昆虫。所有的蜜蜂生活在同一族群里，通过巧妙的劳动分工，制造甘甜的蜂蜜，储存充足的粮食，这样它们就可以和蚂蚁一样，熬过寒冷的冬天。不过一般情况下，绝大多数蜜蜂会在秋天死去，只有受精的年轻蜂王能够熬过冬天，并在次年春天建立一个新的蜜蜂王国。

从育幼到建立王国

虽然大多数蜜蜂看似自给自足，过着独居生活，但它们的生活习性和日常行为却诠释着进化的秘密，比如如何建立精妙的蜜蜂王国。身为蜂王的雌性蜜蜂要承担筑巢、储存食物、受精、产卵、育幼等不同的使命。通常，蜂巢里会有许多孵化室，每个孵化室里都有许多幼虫慢慢生长。当蜂

角马虽然生活在一起，但它们之间并没有明确的分工。

并非所有的胡蜂都是真社会性动物，比如这只陶工黄蜂就能独自孵化幼虫。

中长黄胡蜂更喜欢群居生活，它们擅长建造美丽的纸质巢穴。

王打开孵化室，为幼虫提供食物时，有些盗贼会乘虚而入，将自己的卵寄生在蜂巢的孵化室内。由于这些寄生的卵生长更快，它们会杀死蜜蜂的幼虫，霸占它们的食物。为了避免这种风险，蜂王会将孵化室紧密地排列在一起，然后派遣一只工蜂守在孵化室的洞口，阻挡外来入侵者。在这样庞大而分工明确的蜜蜂王国里，科学家们揭开了蜜蜂王国数不清的奥秘。

丑陋的裸鼹鼠

除了膜翅目昆虫和白蚁外，生物学家还在澳大利亚发现了一些具有真社会性行为的蚜虫和甲虫，它们生活在桉树的树皮里。甚至还有部分哺乳动物也属于真社会性动物，比如裸鼹鼠和达马拉鼹鼠。裸鼹鼠是一种体型较小、视力较差、没有绒毛的啮齿目动物，门牙突出的它们外形十分丑陋。这些皮肤表面光秃的哺乳动物喜欢在东非的半荒漠地带挖掘复杂的地下隧道，隧道里最多可容纳 300 只裸鼹鼠，但只有一只雌性裸鼹鼠会受精并繁衍后代。族群内的其他成员有的是育儿保姆，有的是隧道工人，有的是警卫士兵。裸鼹鼠的亲戚达马拉鼹鼠生活在非洲南部，它们的生活方式与裸鼹鼠十分类似，也属于真社会性动物。

丑陋但十分团结：裸鼹鼠的生活方式与蚂蚁等真社会性昆虫十分类似。

有趣的事实

海洋中可食用的房屋

不久前，研究人员在海洋中也发现了类似的生物王国：某些鼓虾科动物会在多孔动物内部建立真社会性族群，多孔动物不仅是它们的家园，也是它们的食物。这些小动物之所以被称为鼓虾，是因为它们会通过开闭虾螯制造出响鼓般的声音。

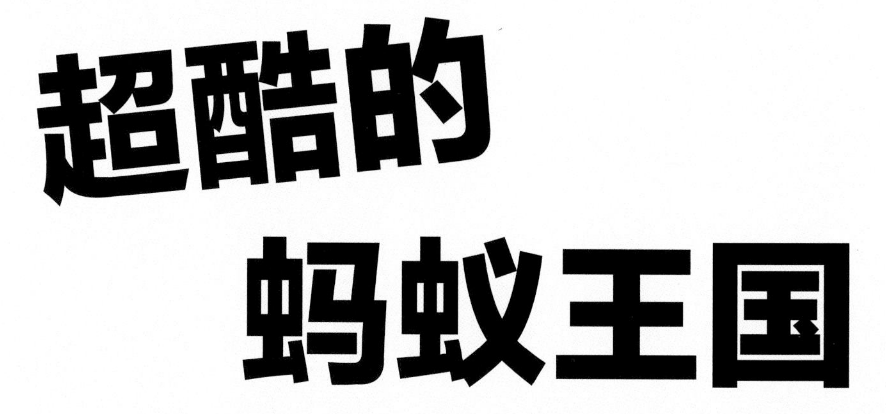

超酷的蚂蚁王国

高楼大厦

相较于蚂蚁建筑师微小的体型，蚁冢堪称蚂蚁王国的摩天大楼!

想象一下，一个外星人乘坐宇宙飞船登陆地球，他是一个聪明的小家伙，但体形十分微小：宇宙飞船的大小如同榛子一般，外星人的体形与米粒相仿。外星人渴望探索地球，寻找智慧生物。刚走出飞船，他就遇到一群身手敏捷的六足生物。它们组织协调，分工明确，所有成员正在不知疲倦地收集食物，并将其运送到自己的王国。外星人很快意识到必须谨慎地对待这些生物，因为它们似乎是一群足智多谋、战斗力强的勇士。

蚂蚁王国

幸运的是，这些六条腿的生物并没有注意到外星人，浑然不觉他的存在。随着时间的推移，外星人渐渐发现这些六足生物并非借助视觉，反而更多地依靠嗅觉来感知周围的环境。他打算悄无声息地混入庞大的队列里，然后入侵六足生物的王国。让外星人印象深刻的是，这些六足生物每天都在忙碌地工作，建造了无数的隧道和房间。外星人心想：毫无疑问，这就是地球上的智慧生物！之后，他开启了环球航行之旅，无论他到达哪里，都会遇到六足生物建造的王国，它们的族群数量十分庞大。有些族群成员的体型甚至比自己还小，小到整个族群的成员都能塞进他的飞船里，但大多数体型庞大的成员更像是可怕的巨兽。外星人回家后会怎样与朋友们分享这趟地球环游之旅呢?当然会说："蚂蚁在统治地球！"他根本不会注意到人类：虽然人类会时不时像一个巨大的阴影笼罩着他，有时甚至会造成翻天覆地的大震动，但他一定认为那只不过是一场糟糕的天气……

养殖"奶牛"

像农民饲养奶牛一样，许多蚂蚁会悉心照料蚜虫，并从蚜虫那里获取甘甜的蜜露。

猎人、牧羊人、农民

由于蚂蚁比人类小得多，所以我们通常能和平共处，彼此之间也没有太多的相互关注。但我们忽略了一个事实：不仅我们人类，蚂蚁也在按照自己的需要塑造地球，它们还与其他生物的生存息息相关。蚂蚁们收集小动物的遗骸，为无数的植物授粉，比蚯蚓翻动更多的土壤。在许多地方，它们是统治者，只给其他动物留下少量生存空间。虽然蚂蚁的种类在所有

创造纪录

13000

迄今为止，生物学家已经发现了大约 13000 种蚂蚁。

昆虫中所占的比率不到百分之三，但它们的总重量却是所有昆虫重量的一半，甚至与所有人类的总重量不相上下！蚂蚁成功征服了几乎所有的陆上栖息地，开发了品种最多样的食物资源，有些甚至成了威胁哺乳动物生存的致命猎手。有些蚂蚁会采集树叶饲养蚜虫，就像饲养牛群的牧民；有些蚂蚁会栽培真菌，俨然辛勤耕作的农民！

超强收割机

切叶蚁就像超强收割机，收割了大量的叶片和根茎。

蚂蚁公路

蚂蚁公路和人类的高速公路一样川流不息，一列看不到尽头的蚂蚁汽车正在非洲大草原上徐徐前进。

群居生活

有些大型蚁巢中生活着数百万只蚂蚁。与我们人类一样，蚂蚁王国也可分为城市和村庄。

简约而不简单

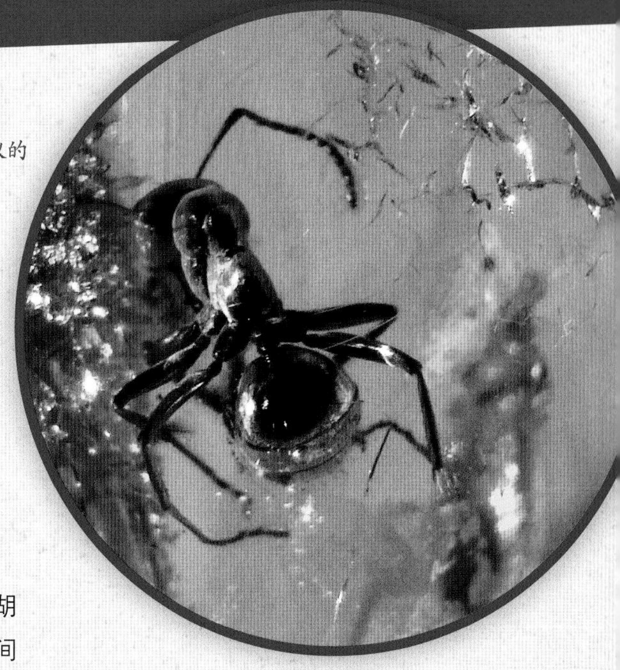

在琥珀中，原始蚂蚁的化石被保存了下来。

➜创造纪录

52 毫米

威氏行军蚁蚁后体形庞大，体长可达 52 毫米。法老蚁体形瘦小，体长仅有 2 毫米。

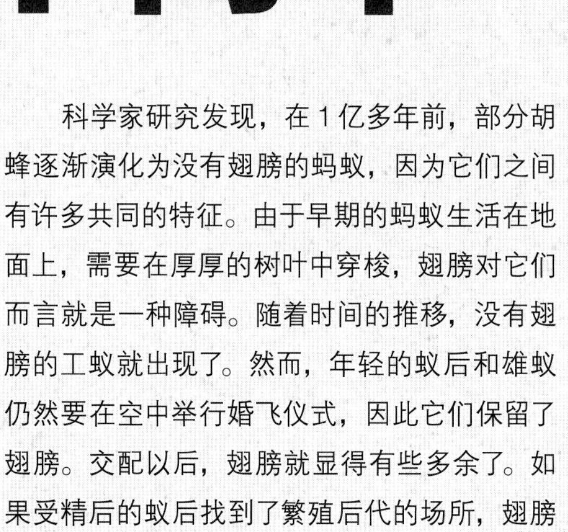

科学家研究发现，在 1 亿多年前，部分胡蜂逐渐演化为没有翅膀的蚂蚁，因为它们之间有许多共同的特征。由于早期的蚂蚁生活在地面上，需要在厚厚的树叶中穿梭，翅膀对它们而言就是一种障碍。随着时间的推移，没有翅膀的工蚁就出现了。然而，年轻的蚁后和雄蚁仍然要在空中举行婚飞仪式，因此它们保留了翅膀。交配以后，翅膀就显得有些多余了。如果受精后的蚁后找到了繁殖后代的场所，翅膀就会自动脱落。

蚂蚁身体内部结构

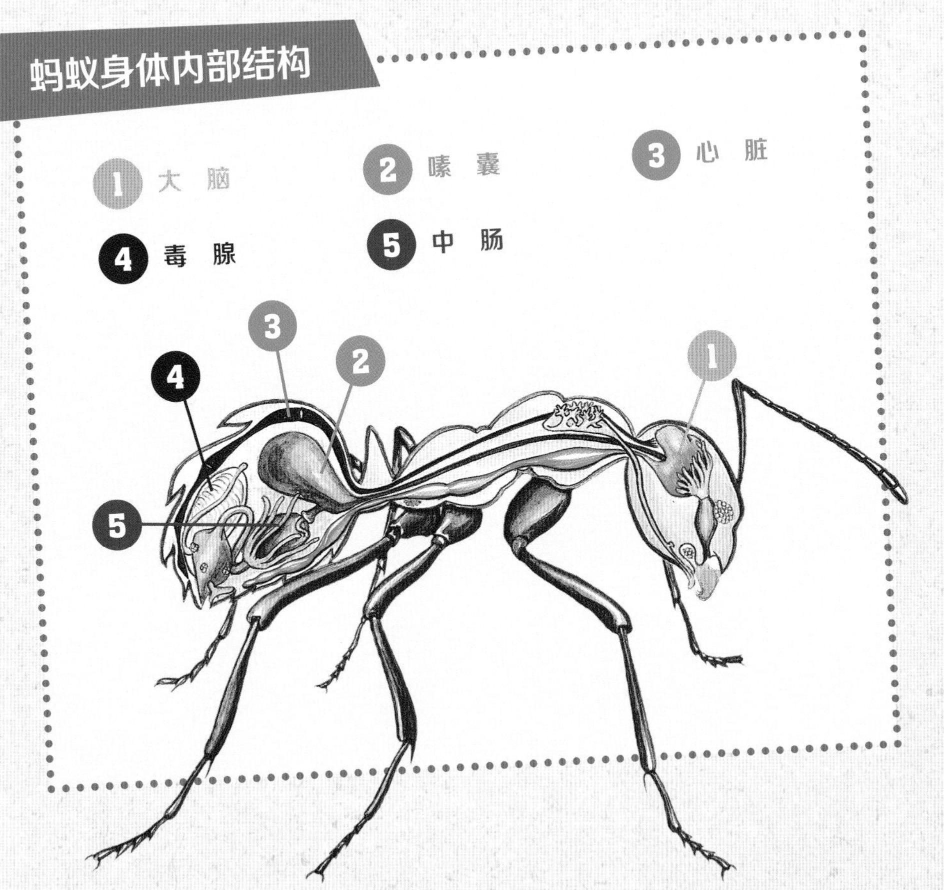

外壳下的化工厂

蚂蚁的身体外部结构十分简单：六条细长的腿，细长的腰身将身体分为头、胸、腹三部分，一对复眼，一个钳状口器和一对膝状触角。但在坚硬的几丁质外壳下，蚂蚁拥有复杂的内部结构——一套完整的腺体，可以分泌信息素与同伴相互交流，可以释放毒素防御敌人，还可以形成抗体对抗细菌。

与真社会性昆虫蜜蜂与胡蜂一样，蚂蚁也有四大群体：蚁后、雄蚁、工蚁和兵蚁。蚁后是蚁群之王，统领整个蚂蚁王国；雄蚁是蚁群之父，负责与蚁后交配；工蚁是蚁群之仆，为整个蚁群建巢、觅食与育幼；兵蚁是蚁群之兵，发达的上颚是保卫群体的战斗武器。即使是同一种蚂蚁，外表看起来也可能截然不同。蚂蚁进化的程度越高，其工蚁的分工就越专业。

原始蚂蚁

原始蚂蚁与现代蚂蚁的生活方式有较大差异，它们生活在结构简单的巢穴中，喜欢自食其力。生物学家发现了一些保留原始生活习惯的蚂蚁品种，比如猛蚁，它们拥有类似于胡蜂一样的毒刺，工蚁们大多会自食其力，很少互相喂食，蚁后也得经常离开巢穴独自觅食。

口 器

锋利的锯齿状颚部是蚂蚁最重要的工具，它们组成了蚂蚁的咀嚼式口器。蚂蚁会利用口器进行切割、啃咬和战斗，还会利用它运输受精卵和幼虫。

复 眼

像其他昆虫一样，蚂蚁也有复眼，它由数百只单眼组成。尽管如此，大多数蚂蚁的视力还是并不太好。

触 角

借助一对膝状触角，蚂蚁不仅能够触摸物体，还能感知香味、温度差异和气流变化。另外，触角还是蚂蚁与同伴们相互交流的秘密武器。

足 部

仔细观察蚂蚁的每条腿，你会发现蚂蚁腿部末端有两只像钩子一样的爪子，而且爪子之间有一种黏合式吸盘。借助这种攀爬设备，蚂蚁可以附着在光滑的物体表面。

细 腰

乍一看，胡蜂与蚂蚁之间毫无关联，但如果你仔细观察，或许就会发现它们的身体结构非常相似。

绿衣女郎：亚洲编织蚁蚁后有着斑斓的色彩。

蚂蚁王国的诞生

从木板缝中，从地下洞穴中，一大群蚂蚁突然展翅飞翔。蚂蚁王国的雄蚁和雌蚁慢慢长大，到了求偶交配的年纪，它们将背负起繁衍后代的使命。在超酷的蚂蚁王国，成熟的蚂蚁们开始交配，繁衍后代。从此以后，年轻的蚁后将建立自己的蚂蚁王国，但并不是每一位蚁后都能独挑大梁。

婚飞的秘密

蚂蚁会飞？不可思议！其实雄蚁和没有生育的蚁后都有翅膀，交配完成后，蚁后的翅膀会自动脱落。蚂蚁群体繁殖的过程叫作婚飞，婚飞就像一个秘密信号，年轻的蚂蚁们会在这场盛大的婚礼上完成交配。不过，雌蚁不能与它们的兄弟交配，而应该与其他家族的雄蚁交配，因为近亲繁殖会让它们的后代容易患病。到目前为止，生物学家还没有解开一个谜团：幼小的蚂蚁们究竟是如何聚集到这场盛大的婚礼上的？

成立新的蚂蚁王国

有些蚂蚁会举行地面婚礼或树上婚礼，有些蚂蚁会像蜜蜂一样举行空

成千上万只需要交配的蚂蚁正在参加一场盛大的飞行婚礼。

有趣的事实

蚂蚁警报！

如此盛大而热闹非凡的蚂蚁婚礼，看起来就像一场蚂蚁烟云，如果人们看到这么壮观的场景，应该会向消防部门报警吧！

工蚁正在养育幼虫，白色的卵旁边是作茧成蛹的褐色幼虫。

中婚礼。当无数只蚂蚁聚集在一起举行集体婚飞仪式时，它们很容易成为鸟类和其他捕食者的猎物。

在蚂蚁王国里，根据物种的不同，一只雌蚁可以与一只或多只雄蚁进行交配，通过受精和孵化，完成蚁族的繁衍。交配完成后，蚁后需要寻找新的筑巢点，建造新的孵化室，并在其中产下蚁卵。在蚂蚁王国建立之初，第一批蚁卵孵化之前，蚁后必须独立筑巢，自食其力。它需要脱落翅膀，分解飞行肌，并用未受精的卵喂食幼虫。

勤劳的女儿

当第一代工蚁终于可以开始工作时，蚁后就变成了一个纯粹的“产卵机器”，其他的一切都可以交给它的女儿们完成。不需要发号施令，工蚁们就会自己扩建巢穴，四处觅食。除此以外，它们还会成为育儿保姆，把蚁卵舔舐干净，喂养幼虫。外出觅食的工蚁会衔住食物，并嘴对嘴投喂给它的小姐妹们。蚁族就这样一步一步发展壮大：从一颗受精卵，成长为一只年轻的蚁后，再到坐拥百万工蚁的蚂蚁王国统领。

知识加油站

- 一颗受精卵会发育为蚁后还是工蚁，主要取决于幼虫时期的饮食结构，雄蚁则由未受精的卵发育而来。
- 虽然饮食结构决定了蚂蚁的最终类型，但温度和湿度等影响因素也会起到一定的作用。
- 蚁后会分泌一种特殊的物质——信息素，这种物质会让工蚁们无法产卵。

幼虫的成长历程

最初，一只通体透亮的幼虫会从卵中孵化出来，迅速生长。并非所有的蚂蚁幼虫都会结茧成蛹。裸蛹没有坚硬的保护外壳，我们可以直接从外部看到它们的幼虫是如何逐渐成熟，体表颜色是如何逐渐变暗的。

嘴对嘴：两只绿色的编织蚁正在传递信息。

蚂蚁的语言密码

我们生活在一个充满声音的世界里，语言和文字是我们的交流密码。人类常常误以为蚂蚁是沉默的哑巴，但实际上并不是，气味是蚂蚁独特的语言，它们头部和腹部的腺体可以产生十到二十种不同的气味。在黑暗无风的蚁巢内，气味可以传递独特的信息，蚂蚁们可以通过嗅觉准确地辨别对方是敌是友。为了让气味成为蚁族的交流密码，蚂蚁们必须花费大量时间来辨别和记忆各种气味。它们会携带独特的气味信息，然后利用这些气味招募蚁族的姐妹们参加活动或寻觅食物，甚至借助特定气味向其他成员传递食物信号和警报信号。此外，如果侦察员探明了理想的新筑巢点或丰富的食物来源，它就会一路留下芬芳的气味路标，让同伴们闻味而至。

澳大利亚的臭蚁们利用腺体发现了食物的来源。

不可思议！

生活在热带雨林地区的切叶蚁常常被淹没在软化的土壤中，它们会通过摩擦腹部发出尖锐的声响来呼救。虽然其他蚂蚁并不能听到这种声响，但它们能感觉到地下轻微的震动。如果感受到了这个来自地下的 SOS 求救信号，它们一定会立即赶来援救陷入困境的同伴。

独特的气味语言

一个物种的进化程度越高，它们表达自己的方式就越丰富。编织蚁擅长利用气味编织有规律的“语言密码”：当敌人接近时，它们会释放出四种化学物质，组成四种气味语言。这四种化学物质会在空气中以不同的速度扩散，从而传递不同的信息。第一种气味会提醒同巢的伙伴们耐心等待下一步的信息；第二种气味会释放出危险的信号；第三种气味会传递攻击对象的味道；第四种气味会增加蚂蚁们的攻击性，它也是整个化学警报的结束信号。

一只红火蚁将腹部高高抬起，发出警告信号，它的螫针会分泌毒液。

小实验

一个简单的小实验就可以证明蚂蚁们用气味传递信息：轻轻擦拭蚂蚁行进的路面，并打乱蚂蚁的队形，这些小昆虫们立马晕头转向，因为你破坏了它们的路标！

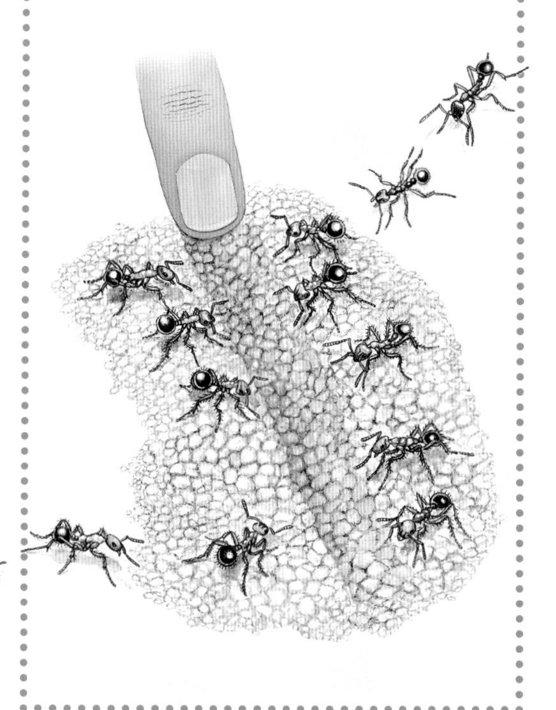

编织蚁上演哑剧

和人类一样，蚂蚁也有许多肢体语言，生物学家伯特·霍尔多布勒和爱德华·威尔逊甚至发现神奇的编织蚁会用肢体语言上演一出出哑剧。编织蚁会使用不同的移动方式，留下不同的气味信号，传递各种各样的信息。如果一只编织蚁工蚁想提醒同伴们关注食物信息，它就会把自己的脑袋摆成正在为姐妹们口对口喂食的模样；如果想要提醒同伴们加强防御，它就会拱起腹部，表现出一种应对威胁的姿态，因为这是它们准备战斗的动作。

肢体语言：这只红褐林蚁摆好姿势，发出准备进攻的信号。

知识加油站

- 蚂蚁的腺体会分泌信息素，它是一种用于传递信息的化学物质，微量（百万分之一毫克）的信息素便可传递丰富的内容。
- 蚂蚁擅长用触角感知气味信号。
- 蚂蚁还会通过互相触碰触角来完成交流。

生死决战：两只不同品种的蚂蚁正在决斗。黑蚂蚁会将红蚂蚁拽入自己的巢穴中，将它撕碎了喂给幼虫。

饕餮盛宴：蚂蚁是绿啄木鸟最喜欢的食物。

强敌环伺，出奇制胜

蚂蚁最大的敌人不是别人，正是其他蚁族的同类。大多数蚂蚁并不会回避同类相残，为了捍卫自己的领地，蚁族之间会进行残酷的决斗，难怪蚂蚁们要全副武装。有些蚂蚁甚至还有毒刺——就像它们的祖先胡蜂一样，比如保留原始形态结构的红火蚁。

蚂蚁的秘密武器

许多蚂蚁的毒刺已经逐渐退化，比如红褐林蚁和毛蚁。尽管如此，人类也不应该主动挑衅它们，因为它们会向攻击者喷射毒液，更有甚者，会先用口器咬伤攻击者的皮肤，然后将带有腐蚀性的酸性液体注入伤口处。红褐林蚁的膀胱中储存了一种分泌物，里面含有高达60%的有毒液体——蚁酸。蚁酸是一种成分简单的化合物，在自然界中广泛存在，比如一些水母和荨麻的毒液中就含有蚁酸。蚁酸既非蚂蚁的独门武器，也不是所有

你知道吗?

有些昆虫伪装成蚂蚁，是为了吓走掠食者，这就是拟态。还有些物种假扮成蚂蚁，是为了偷偷摸摸靠近蚁群而不被发现，然后将蚂蚁化为腹中美味，比如跳蛛。

有趣的事实

蚁巢里的伪装者

有些昆虫成功破解了蚂蚁的化学代码，它们擅长模仿蚂蚁的气味，利用独特的伪装技能，成功潜入蚂蚁的巢穴，却丝毫不会被察觉。凭借这种巧妙的计谋，入侵者就可以在蚁巢中畅行无阻，有些短翅甲虫甚至可以让蚂蚁给自己喂食！

种类的蚂蚁都以此御敌，有些蚂蚁会选择分泌其他化学物质来防身击敌。不过，在众多秘密武器中，毒液并不是最厉害的，蚂蚁最重要的装备是它的咬人工具。它尖锐的颚部就像锋利的剪刀一样，能把小动物撕碎。千万别惹怒大蚂蚁，一旦被咬中，它们决不松口，会让人痛苦不堪。

这只蚁狮在沙地上挖出一个个漏斗状的陷阱。一旦有蚂蚁不慎滑入，就会被它有毒的镰刀状颚管一口咬死。

谁喜欢吃蚂蚁？

许多食虫动物都不太敢靠近反击能力强大的蚂蚁，而且蚂蚁看起来似乎并没有那么好吃，比如大多数聪明的蜘蛛就对蚂蚁唯恐避之不及。然而，总有些捕食者好胜心强，专挑这些难以对付的猎物吃。蚁狮是一种体型与苍蝇相仿的昆虫幼虫，它潜伏在漏斗状沙坑的底部，当蚂蚁陷入沙坑时，蚁狮就会伸出一对镰刀状的大颚管，将这只可怜虫拽入地下吃掉。

众所周知，啄木鸟是蚂蚁的天敌。对于绿啄木鸟和灰头啄木鸟来说，红褐林蚁的蚁冢就是一座享用不尽的粮仓，那里有数千只蚂蚁等待它们饱餐一顿。在热带地区，大量的捕食专家也在寻觅看起来美味非凡的蚂蚁和白蚁。食蚁兽和穿山甲长着尖长的管状吻部，可以探查蚁巢的内部情况。除此之外，体形庞大的懒熊和棕熊以及个头小小的蜥蜴和甲虫也都对蚂蚁垂涎欲滴。

寄生菌：这是一种寄生在蚂蚁体表的真菌，它会逐渐渗透进蚂蚁体内。当蚂蚁生命结束时，真菌的子实体会从蚂蚁的几丁质外壳中破壳而出。

灰蝶的幼虫被蚂蚁带入巢穴，它们即将享用一顿毛毛虫大餐。

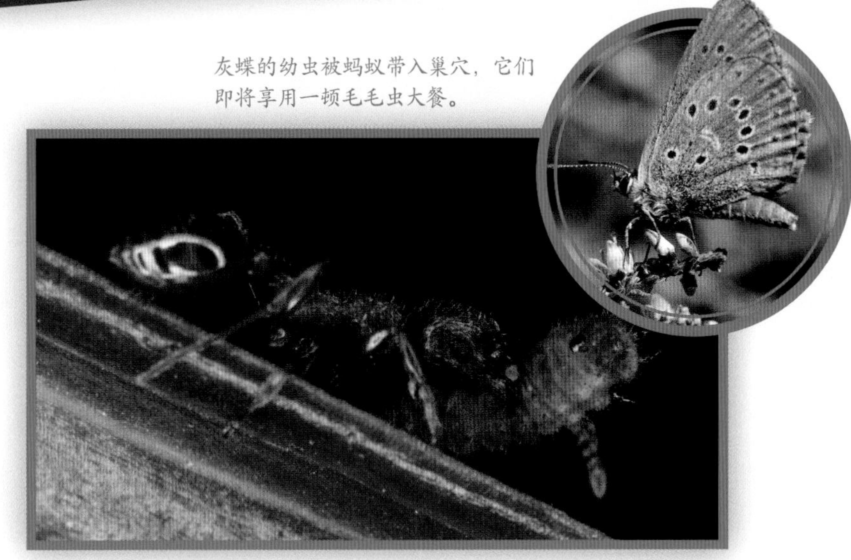

冷面猎手和勤劳采集者

编织蚁能够吞食体型比自己大得多的猎物。

行军蚁聚集成群，保护蚁巢中的蚁后和幼虫。

在中美洲热带雨林的黎明时分，树下的泥土开始松动，这里是行军蚁的露营地。几十万只工蚁聚集成群，组建了一个生机勃勃的蚂蚁王国。在蚁巢里，工蚁忠心耿耿地保卫着蚁后和幼虫。到了上午，蚁群逐渐解散，变成了一列列行军蚁军团，蚁群的狩猎活动开始了。

无情的冷面猎手

庞大的行军蚁军团蜂拥而至，昆虫和小动物们惊恐不已，谁要是逃得不够快，就会被无情地咬死和蜇死，

啪，自投罗网

大齿猛蚁的口器就像精心布置的老鼠夹，它的上颚张得很大，一旦猎物自投罗网，就会“啪”地一声迅速合上。

➜ 你知道吗?

为了让蚂蚁帮助自己繁衍后代，植物们绞尽脑汁想出了一招妙计：在种子上包覆一层营养物质——油质体。蚂蚁们将油质体吃掉，然后把里面的种子扔到蚁巢外的垃圾堆里。在那里，种子可以安全地生根发芽，因为老鼠和其他食谷动物都会避开蚁巢。

蚁族的素食主义者并不多见，但沙漠和草原地区猎物稀少，收割蚁在那里只能努力收集植物的种子。

沦为行军蚁的点心。行军蚁军团可以轻松杀死甲虫、蜘蛛、蚱蜢、蟑螂和小型爬行动物，有时甚至被绳子拴住的家养宠物也会成为行军蚁军团的猎物。

人们非常欢迎行军蚁军团来访：当行军蚁光临一个村庄的时候，村民们会非常期待农田里的害虫被它们一扫而光。许多鸟类也会从中获益：在行军蚁军团到来之前，蚁鸟会抢占先机，抓住惊飞的昆虫并通通吃掉。

行军蚁主要生活在亚马孙河流域，它们是游牧民族，只会在同一个地方驻扎两到三周的时间，有时甚至每天都会更换巢穴。当它们迁徙时，会将幼虫置于身体下方负重前行。不可思议的是，它们在哪里驻扎，哪里就几乎没有其他生命的踪迹。行军蚁强壮的颚部具有惊人的咬合力，借助于庞大的体型和进攻小组的团队作战，它们就像拥有强力武装的职业军人，故而得名“行军蚁”。

甜甜的蚂蚁面包

除了冷酷的猎手，蚂蚁王国还有勤劳的采集者——收割蚁，它们生活在干旱地区，主要以植物种子为食。强壮的工蚁拥有锋利的大颚，可以当作钳子夹开谷物坚硬的外壳，然后取食其中的果实。不过，它们必须反复咀嚼含有淀粉的种子，直到种子变成甜甜的糊状“蚂蚁面包”。

每只收割蚁都有自己喜欢的食物。由于许多植物种子被它们吃掉了，植物繁殖自然就会受到影响。蚂蚁一方面对植物造成了伤害，另一方面却促进了植物的传播：它们在运输种子的时候，会在途中漏掉其中的一小部分，这也为植物的传播作出了巨大的贡献。

编织蚁蚁后

有趣的事实

用幼虫作胶枪

作为攻击性很强的猎手，编织蚁可以独霸整个树冠，这或许会让热带种植园颇为受益。编织蚁的名声在蚁族中可谓如雷贯耳，因为它们擅长用树叶搭建大小不一的巢穴。为了把树叶的边缘黏合在一起，它们会使用幼虫分泌的丝线。工蚁来来回回地移动幼虫，把它们当成活胶枪来黏合树叶。

红褐林蚁

在一节腐烂的树桩（1）里，红褐林蚁建造了一座蚂蚁巢穴，蚁巢被层层枝叶覆盖层（2）重重围住。在蚁巢的中心，工蚁们正在悉心照料蚁后（3），蚁后不断产卵，工蚁把卵搬进孵化室（4）。在孵化室上方的幼蚁室（5）和蛹室（6）里，另一群工蚁正在喂食幼虫。捕获的昆虫美食被放置在储藏室（7）里。死去的蚂蚁会被拖进地底的房间，也就是蚂蚁的公墓（8）。在夏季天气晴好的户外，有翅膀的雄蚁和雌蚁（9）正在准备一场集体空中婚礼。工蚁们正在为捕猎和采集忙碌着，它们努力把猎物（10）搬进蚁巢内，还有一些工蚁正在蚜虫身上吸取蜜露（11）。凶猛的熊蜂正在试图靠近蚁巢（12），但蚂蚁们将其重重围住，禁止熊蜂靠近。

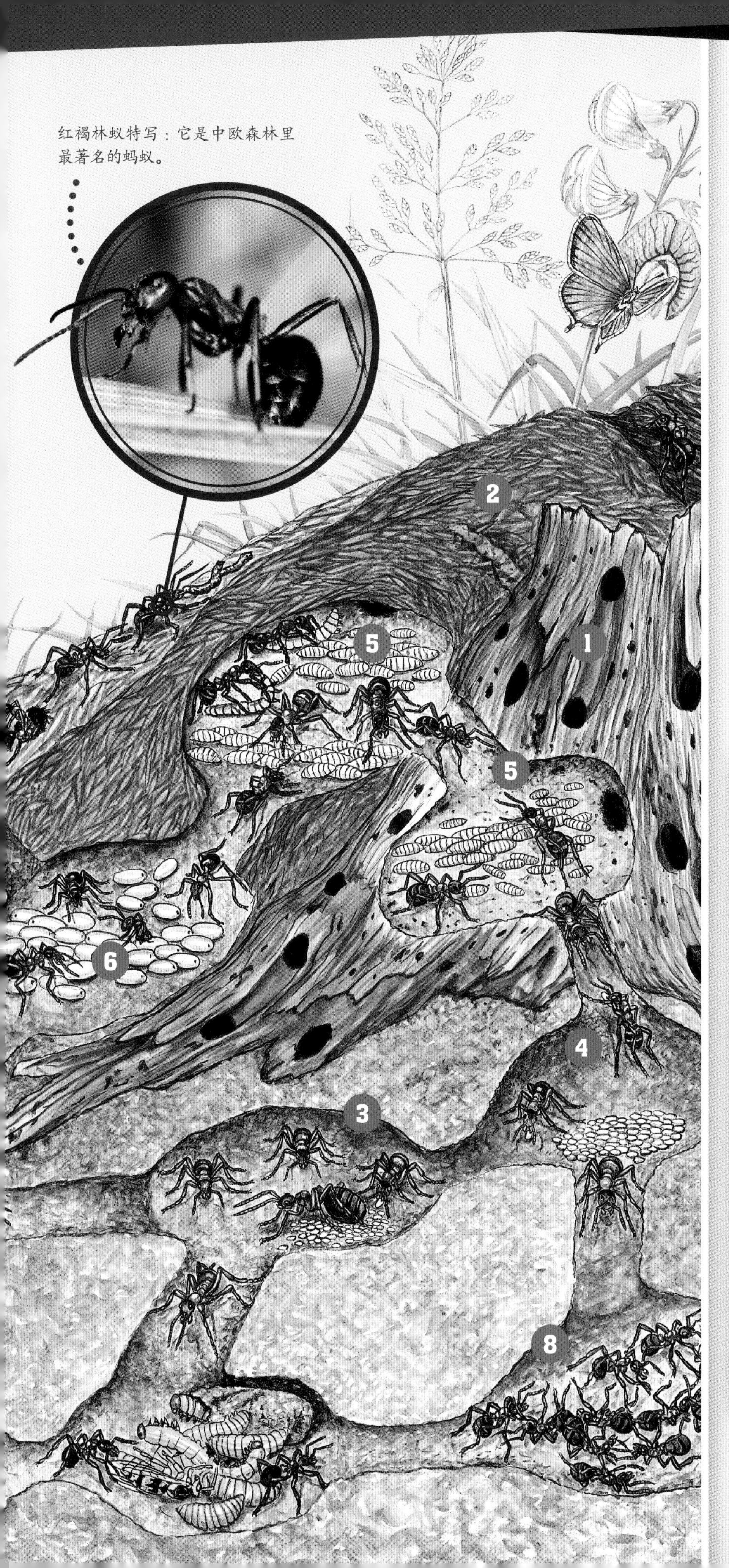

如果以蚂蚁的体型大小来衡量，蚁冢就是一座标准的摩天大楼！它最多可以高达两米，深入地下两米。蚁冢所在的位置越冷，它的高度就越高，接收太阳光照的面积也就越大。

在大型红褐林蚁的巢穴里，100 万只蚂蚁可以共同生活。有时，一个蚁群里甚至有好几只蚁后和平共处，因为年轻的蚁后无法独自建立自己的王国，于是选择婚飞结束后，在一个现有的王国里寻求庇护。

与大多数蚂蚁类似，红褐林蚁的食物来源也多种多样。它们喜欢猎捕昆虫和蜘蛛，收集死去的小动物尸体，吃某些植物种子表层营养丰富的油质体。另外，它们还喜欢吸取蜜露——蚜虫体内排出的甜汁。由于红褐林蚁会捕捉对树木有害的昆虫，所以它们会被人类视为益虫。在德国，所有的红褐林蚁都会受到保护！

在任何情况下都不能破坏红褐林蚁的锥形蚁冢！

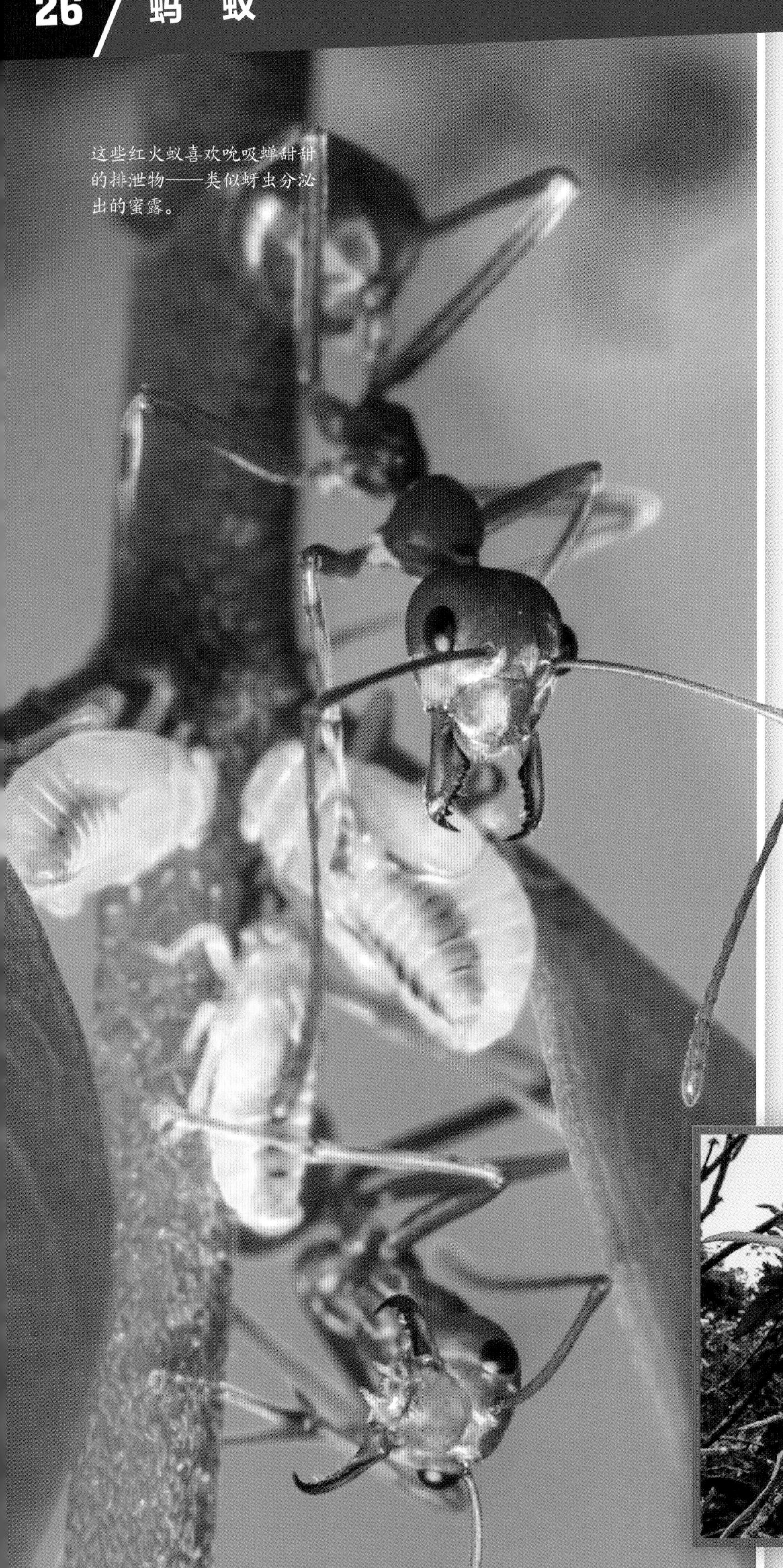

这些红火蚁喜欢吮吸蝉甜甜的排泄物——类似蚜虫分泌出的蜜露。

农民和牧民

蜜露对于蚂蚁就像牛奶对于人类一样重要。与我们挤牛奶和羊奶类似，聪明的蚂蚁也会吮吸各种昆虫分泌的蜜露。比如叶蚜虫、介壳虫、粉蚧、蝉以及某些蝴蝶的幼虫，这些昆虫喜欢吸取植物的汁液，因为其中含有丰富的糖分。不过植物汁液中其他营养物质很少而糖分过多，为了维持体内营养均衡，这些小昆虫们必须把一部分糖分排出来，排出来的糖液就是蜜露。

黏稠的蜜露并不会全部变成蚂蚁的独食，蜜蜂也会采集一部分酿制蜂蜜，比如德国黑森林蜂蜜和冷杉蜂蜜就不是来自鲜花的花蜜，而是由蚜虫分泌的蜜露酿制而成。但或许当蜜蜂正在搜寻野生蚜虫时，蚂蚁们早就捷足先登了：它们会像人类饲养奶牛一样照顾蚜虫，然后吮吸蚜虫排出的蜜露。双方都会从中受益：蚂蚁获取蜜露，蚜虫被悉心照料。

共生种植：一些热带蚂蚁会在空中给植物播种，也会在植物的网状根系结构中筑巢。

许多蚂蚁会栽培营养丰富的真菌，这些真菌呈白色网状。

婚礼上的宾客

蚂蚁会将蚜虫的虫卵放入自己的巢穴里，保护它们安全过冬。虫卵孵化后，蚂蚁会把它们放到植物的叶片上。即使蚂蚁搬家，也会把它们的蚜虫大军一并带走。一路上，有些蚂蚁会小心翼翼地用自己的上颚钳托运这些蚜虫，避免它们受伤，还有些蚂蚁会把蚜虫扛在背上。这些六条腿的蚂蚁牧民得确保蚜虫们生活在多汁的嫩芽上，如有必要，它们会把蚜虫带到新鲜的草地上。有些蚂蚁的蚁后甚至会带着蚜虫参加婚礼！当年轻的蚁后独自建立新的蚂蚁王国时，这些蚜虫就可以随时保证蚁巢内的食物供应。

巴西昆虫学家用水泥浇筑出一个切叶蚁蚁巢。

地下蘑菇园

蚂蚁们都学会了饲养“奶牛”，从事农业生产也就不足为奇了。赫赫有名的切叶蚁非常勤劳，它们会栽培真菌。在拉丁美洲生活着大约40种不同的切叶蚁，不过农民们似乎并不喜欢它们，因为它们是破坏农作物的害虫。

切叶蚁会从植物上切下一小块树叶或草茎，然后将其运送到地下巢穴。在那里，一片片叶子会被加工为营养培养基。在营养基质的滋养下，真菌不断生长，并成为供养蚂蚁的食物。这项培植真菌的农业生产需要经历29道不同的工序，每道工序都有专门的蚂蚁负责。正因如此，切叶蚁也被誉为进化程度最高的蚂蚁。许多其他种类的蚂蚁也会采集腐烂的植物，配制培养基，培育真菌。

切叶蚁喜欢把大片树叶举在头顶上方，就像撑着一把遮阳伞。因此，美国南部各州的切叶蚁也被称为“阳伞蚁”。

共　生

两种生物共同生活，互惠互利，这种现象就叫作共生。蚂蚁和蚜虫、切叶蚁和真菌都属于共生关系。有些蚂蚁会与植物形成共生关系，例如金合欢树会让蚂蚁在自己的空心哨刺里安家，为它们提供食物，作为回报，蚂蚁会保护金合欢树免受害虫的攻击。

有些蝴蝶的幼虫会为蚂蚁分泌甜甜的蜜露。作为回报，蚂蚁会保护它们免受捕食者的攻击。

蚁栖树是一种热带乔木，它会为阿兹特克蚁提供食物，而阿兹特克蚂蚁会成为它的贴身保镖。

真菌农场的日常

切叶蚁巢穴深入地下 8 米，占地面积多达 70 平方米，相当于一个两居室的公寓。在巴西，研究人员曾挖出过一个很大的蚁巢，它的内部有 1000 多个房间，其中 390 个是真菌园，有些房间甚至大如足球。

拥有锋利颚部的工蚁会负责收割树叶（**1**），它们要么自己运输树叶（**2**），要么让树叶掉到地上，然后由负责搬运的工蚁拾起并运走。通常会有一只兵蚁作为保镖（**3**）同行，以抵御进攻者。树叶被运到真菌农场（**4**）后，体型较小的工蚁会将其嚼碎成糊状物质，为真菌提供培养基。蚂蚁幼虫在真菌农场内部的洞穴里慢慢成长，蚁巢入口处（**5**）有壁炉形状的开口，有助于蚁巢的通风。蚁后（**6**）在孵化室里辛勤地产卵。真菌园里被消耗完的营养物残渣将被运往地下深处的垃圾室（**7**）。

保镖护送运输工

切叶蚁种类繁多，体形悬殊，体形最大的工蚁比体形最小的工蚁大 300 倍。体形巨大的工蚁会成为保镖，抵御捕食者的攻击，为蚁群保驾护航。切叶蚁用强有力的钳子把叶片咬断，让叶片掉到地上。负责采集的工蚁会抬起叶片运回蚁巢，一路上它们需要走 50 到 100 米。为了清理叶片上的有害微生物，它们的背上还要背负一只小工蚁。其他的蚂蚁要负责抵御寄生蝇的空袭，因为寄生蝇会趁机将卵产在蚂蚁身上。

流水线作业

蚁巢里的食品加工就像流水线作业，从一道工序到下一道工序，从一只蚂蚁到另一只蚂蚁。辛勤的工蚁采集柔软的叶片，将其嚼碎成黏稠的糊状物。一团团由糊状叶片制成的培养基沾上一点粪便，就会更肥沃，然后被陆续运送到真菌园。切叶蚁园丁会在新苗圃里种上刚刚培育好的真菌幼苗。一旦真菌长大，最小的工蚁就得负责悉心照料它们。这些工蚁非常娇小，能缓慢地爬过真菌的海绵状微孔。工蚁的工作就是保持真菌园的整洁，并除去有害的真菌孢子，否则，蚂蚁的食物上很快就会长满不可食用的霉菌。

如果一切顺利，真菌很快就会长出密集的簇绒，蚂蚁们会收获这些簇绒，并喂给幼虫食用。成年蚂蚁会食用真菌，外出执勤的工蚁主要以植物的汁液为食，而蚁后更喜欢吃未受精的虫卵。

你知道吗?

切叶蚁培育出了一种无法在野外生长的真菌，这种真菌与我们食用的蘑菇非常相似。每当离开巢穴交配时，年轻的蚁后都会带上一株真菌。

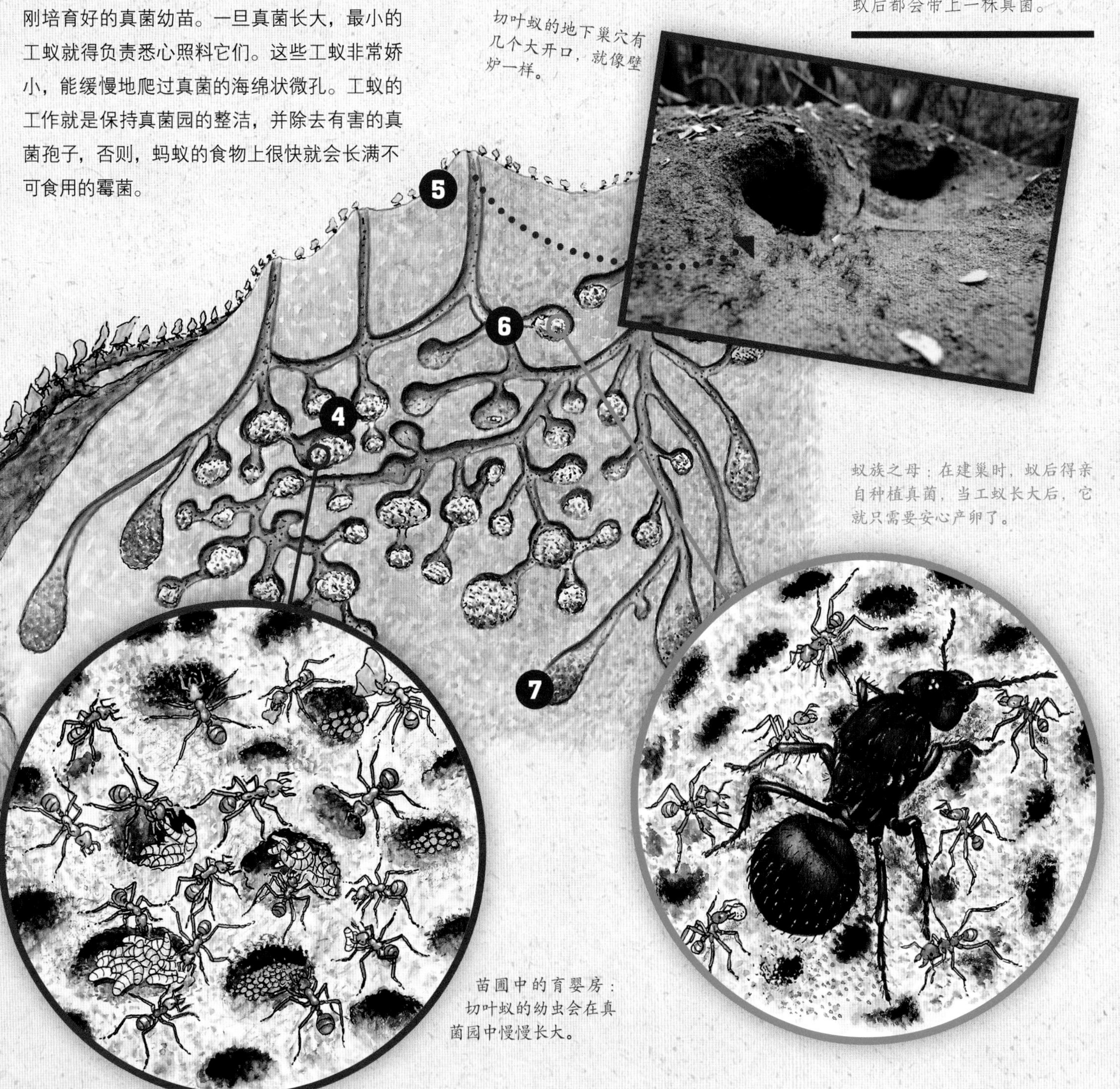

切叶蚁的地下巢穴有几个大开口，就像壁炉一样。

蚁族之母：在建巢时，蚁后得亲自种植真菌，当工蚁长大后，它就只需要安心产卵了。

苗圃中的育婴房：切叶蚁的幼虫会在真菌园中慢慢长大。

强盗和奴隶主

劫掠敌方蚁巢后，一只红悍蚁将捕获的幼虫拖入自己的巢穴。

无论是在花园、树林，还是沙箱里，我们周围总有可怕的剧情在上演。蚁族战火不断，兵蚁们离奇死亡，这些蚂蚁惨案屡见不鲜，只是我们没有注意到而已。就连蚂蚁最大的粉丝伯特·霍尔多布勒和爱德华·威尔逊也承认蚂蚁是最具侵略性的动物：“和它们相比，我们人类毫无攻击性，十分爱好和平。”几乎每只蚂蚁都爱乘虚而入，它们的目的不是摧毁竞争对手，就是要把对手变成自己的战利品，充实自己的粮仓。最棒的战利品是蚂蚁幼虫，因为鲜嫩多汁的幼虫可以轻松地被打包带走。任何战死的兵蚁都不会被抛尸荒野，毕竟弃之可惜。不论它是敌是友，都会沦为幸存者的点心。不过，看起来更强大的蚂蚁也并不总是无往不胜，比如体长两毫米的黄色贼蚁工蚁就可以分泌毒液，吓退体形庞大的对手。作为地下挖掘小能手，蚂蚁

盘腹蚁蚁后悄悄潜入一个蚁族亲戚的巢穴里，它散发出一种信息素，吸引其他族群的工蚁照顾它。

们会绞尽脑汁接近目标，比如从自己的蚁巢挖一条通往其他蚁巢的隧道，然后将对方毫无还击之力的幼虫拖回自己的巢穴中。

蜜罐争夺战

在食物稀缺的地区，激烈的夺食战频繁上演。在美国和澳大利亚的沙漠地区，蜜罐蚁是被袭击的热门选手。蜜罐位于它们的腹部，当里面储满蜜露时，腹部就会膨胀起来。平日里，蜜罐蚁工蚁别无他求，在食物富余时尽量让自己吃饱。随后，它们会像活动的粮食储藏器，倒挂在巢穴的天花板上。当食物变得稀缺时，同伴们只要碰碰它们腹部的蜜罐，它们就会吐出蜜露，将其喂给同伴们。当然，这些蜜罐也引得贪婪的攻击者们垂涎欲滴，攻击者们会主动挑起蜜罐争夺战，因为与其坐等饿死，不如主动出击。

红悍蚁的入侵

有些蚂蚁奴隶众多，完全不用自己工作，例如专为打架而生的红悍蚁，镰刀状的上颚钳是它们的杀敌利器。红悍蚁从来不会自己照顾幼虫或挖掘通道，这些任务都会交给奴隶——红褐林蚁来完成。可怜的红褐林蚁还在准备化蛹，就被勇猛的红悍蚁无情绑架。受精的雌性红悍蚁会劫持整个红褐林蚁巢穴，杀死蚁后，全权接管红褐林蚁的蚁巢。它会产生一种让奴隶放弃挣扎的信息素，奴隶们会精心喂养这位外来蚁后的后代，并将其视为亲人。不过也不必为红褐林蚁打抱不平，它们也不是什么善茬：年轻的红褐林蚁蚁后也喜欢征服外族蚂蚁，比如它们有时就会进攻黑山蚁蚁巢。

有趣的事实

美味的蚂蚁！

蜜罐蚁不仅喂养了自己的同类，也成了澳大利亚土著居民喜爱的甜食，墨西哥人还喜欢将巧克力蘸上蜜罐蚁食用。

蜜罐蚁工蚁就像活动的蜜露储藏器，将自己倒挂在巢穴内的天花板上。

了不起的成就

蚂蚁最卓越的成就就是建立“蚂蚁王国”，但技多不压身，它们的才能可远远不止这一项：它们十分强大，性格坚韧，善于防守，创造出非凡的纪录，续写了伟大的辉煌，其他动物族群几乎无法与之媲美！

举重选手

科学家曾在德国维尔茨堡的实验室内观察到蚂蚁的伟大壮举：一只体重仅为 5 毫克的编织蚁头部向前，抓住一块有机玻璃板，用颚部托举起了这个重约 500 毫克的物体。在野外，编织蚁们会聚集力量将树叶一片一片拖到筑巢点，建造自己的巢穴。

动作敏捷

热带大齿猛蚁是动作最敏捷的动物之一，它可将口器张开呈 180 度，然后让其像绷紧的弹簧一样迅速回弹。同时，它的上颚回弹的速度可在瞬间增至每小时 230 千米！有了这项技能，大齿猛蚁既可以用颚部捕捉小昆虫，还可以用口器击打地面，将自己弹射到 40 厘米的空中，以逃离捕食者的追杀。

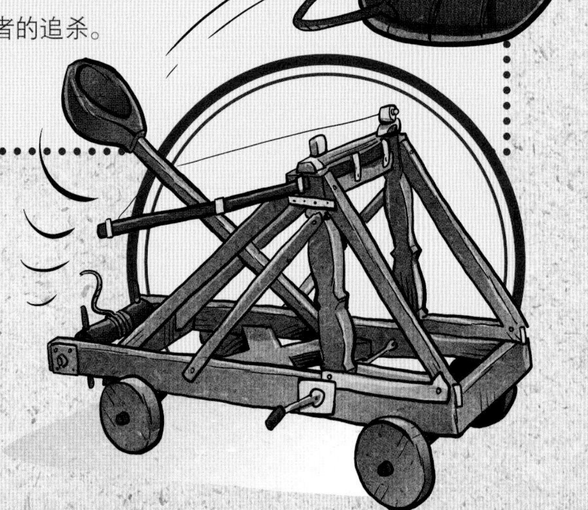

叮咬折磨

拉丁美洲的子弹蚁荣获“最疼昆虫叮咬”成就。它释放的毒素能造成连续 24 小时的痛苦折磨，让人感觉犹如烈火灼烧一般。在有些土著部落，人们将这些昆虫用于成人礼。为了证明自己是真正的男子汉，年轻人必须戴上一只装满子弹蚁的手套。幸运的是，它的叮咬并不会造成永久性伤害。

注射毒液

拥有最毒毒液的昆虫是美国的马里科帕须蚁，它三针剂量的毒液足以杀死一只成年老鼠。据推测，马里科帕须蚁之所以分泌出如此强效的毒液，是为了击退觊觎它们地下粮仓的老鼠。但作为一项对付捕食者的防身术，这种化学武器并不能起到全面防御的作用：它的毒液并不会对喜欢吃蚂蚁的蟾蜍造成很大的伤害。

超级耐热

最耐热的昆虫是撒哈拉银蚁，它曾在撒哈拉沙漠 70 摄氏度的热沙中寻找猎物。只有当体温达到 55 摄氏度时，银蚁才不得不去阴凉处休息。但为什么在炎热的沙漠里，这种小昆虫不会立即升温呢？一方面，银蚁的腿很长，所以它的身体可以与炙热的地面保持一定距离；另一方面，在跑步时，气流会帮助它降温。凭借每秒一米的速度，银蚁也是移动速度最快的蚂蚁，这种小昆虫几乎可以跟上人类的脚步！

长寿秘诀

最年长的昆虫是黑褐毛蚁蚁后，在庆祝 29 岁生日前，它在实验室中死亡。许多生活在野外的蚁后寿命也可能超过 20 岁，有些蚂蚁的工蚁也能活好几年，即使它们随时都得应对肆无忌惮的敌人。总而言之，蚂蚁族群的所有成员一起生活，相互保护，共同受益。

什么是白蚁？

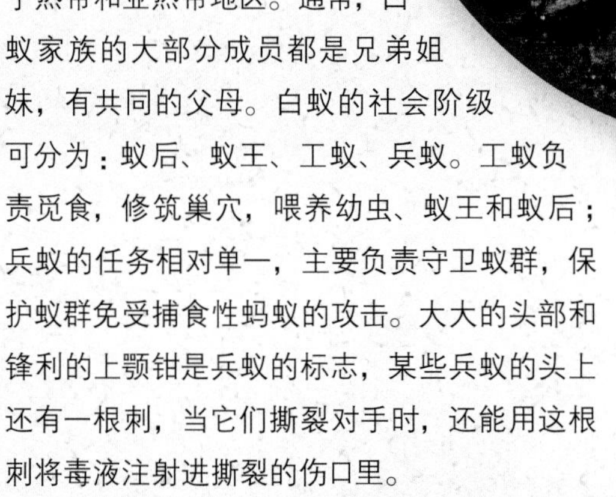

两只工蚁（上）和一只兵蚁。大大的脑袋和锋利的上颚钳可以帮你识别兵蚁。

和蚂蚁一样，白蚁也喜欢群居生活，建立自己的白蚁王国。除此之外，白蚁和蚂蚁还有许多其他的共同之处。但令人震惊的是，白蚁和蚂蚁之间没有任何亲缘关系，白蚁并不属于蚂蚁、蜜蜂或胡蜂所属的膜翅目，而属于另一种完全不同的目——蜚蠊目，也就是说，白蚁和威胁厨房安全、令人厌恶的蟑螂是同宗同源的近亲。

和蟑螂是亲戚

蜚蠊目是恐龙时代之前就生活在地球上的原始昆虫，因此，白蚁是第一批建立群体组织的昆虫——比膜翅目早约 3000 万年。与蚂蚁不同，蜚蠊目昆虫从未征服过地球上的寒冷地区，目前已知的 2900 多种白蚁几乎全部生活于热带和亚热带地区。通常，白蚁家族的大部分成员都是兄弟姐妹，有共同的父母。白蚁的社会阶级可分为：蚁后、蚁王、工蚁、兵蚁。工蚁负责觅食，修筑巢穴，喂养幼虫、蚁王和蚁后；兵蚁的任务相对单一，主要负责守卫蚁群，保护蚁群免受捕食性蚂蚁的攻击。大大的头部和锋利的上颚钳是兵蚁的标志，某些兵蚁的头上还有一根刺，当它们撕裂对手时，还能用这根刺将毒液注射进撕裂的伤口里。

深居简出

因为白蚁平日里不太露面，所以相较于蚂蚁，人们对白蚁知之甚少。与大多数昆虫不同，白蚁的外壳十分柔软，这导致它们很容易脱水而死。因此，白蚁往往会躲避日光，建造类似于地下隧道的多管道巢穴。通过这些黑暗的管道，它们能迅速冲到觅食点。就这样，它们悄无声息地暗藏在黑暗的角落里，默不作声地啃噬木材。由于长期生活在黑暗里，很多白蚁几乎丧失了视力。

有趣的事实

背包里的毒药

白蚁中也有自杀式袭击者。某些白蚁工蚁的背上藏着一种有毒蛋白质，如果遇到危险，它们就会撕裂身体，把有毒蛋白质释放出来，与敌人同归于尽。年龄越大的白蚁背负的毒药越多，也会越勇敢地将毒药掷向敌人。毕竟，身为保姆，年长的工蚁不再是蚁群的中流砥柱了。

咦，这是蟑螂吗？这些原始昆虫是十分友善的小动物。左图展示了生活在热带地区的昆虫标本。

头 部

高度进化的白蚁工蚁没有眼睛，因此它们近乎完全失明，只能依靠触觉和嗅觉。工蚁最重要的感觉器官是触角，就像是它们的“天线”。

触 角

在显微镜下，白蚁的触角会让人想起珍珠项链。触角被浓密的绒毛覆盖，可以感知外界环境。白蚁的触角是它们的触觉和嗅觉器官，类型丰富多样，具有探测功能。

你知道吗?

尽管外形差异明显，但螳螂是蟑螂的近亲，也是白蚁的近亲。螳螂家族中名声最大的是薄翅螳螂。与白蚁不同的是，螳螂并不是真社会性昆虫，在交配时，凶狠的雌螳螂有时甚至会吃掉自己的丈夫。

腿 部

白蚁的腿部长有绒毛，可以检测地面的震动。由于震动产生的波动以不同的速度传至白蚁的六条腿，因此它们可以准确定位震源的位置。

爱啃木头的昆虫

白蚁是素食主义者，但并不喜欢新鲜的沙拉和美味的胡萝卜，它们喜欢啃食木头的爱好在昆虫界十分罕见。作为原始昆虫，它们除了啃食木头这种坚硬、多纤维的食物之外别无选择。有时候，它们会直接住在食物储藏室（木头）里。有些白蚁喜欢以新鲜的树木为食，但大多数白蚁更喜欢啃食枯木。根据物种的不同，它们有的专吃已经腐烂潮湿的朽木，有的则以干枯的木材为食。钟爱木材的白蚁喜欢啃食房屋、电线杆和其他建筑物中的干燥木头，这种癖好也会为它们招来祸患。据估计，美国人每年会耗费十亿美元来消灭这些爱啃食木头的小昆虫！高度进化的白蚁不再专以木头为食，它们也会吃腐殖质、干草或者其他死亡的植物，有些白蚁甚至可以像切叶蚁一样培育真菌。

真假卵：这些橘色的圆球是真菌，它们模仿白蚁卵的大小和气味，可以得到失明白蚁的庇佑。

开饭了！白蚁会给树木和木制的建筑物造成难以估计的损失。瞧，这块树干已经被蛀空了。

年龄不同，白蚁们的体型和长相也不一样。

白蚁的蚁王和蚁后形似蜻蜓，它们可以将四片翅膀向后折叠。

你知道吗？

为了消化木头，白蚁得依靠生活在它们肠道里的小助手。这些寄居在白蚁体内的微生物可以生成一种分解木质纤维的物质。作为回报，白蚁会为它们提供食物和庇护所。这种一方生活在另一方的体内，双方互利互惠的生活形式被称为“内共生”。一代代白蚁和这些微生物助手分工协作，各取所需。这种内共生关系可能就是白蚁王国发展壮大的重要原因之一吧！

生存联盟

和蚂蚁一样，白蚁王国的建立从一场婚飞开始。长着翅膀的年轻蚁王和蚁后飞出巢穴，和其他族群的白蚁完成交配。它们有四片翅膀，与蜻蜓大小相仿，不过白蚁的飞行技巧并不太娴熟。当蚁后挑选出自己心仪的夫婿后，夫妇俩就会结成生存联盟。只要没被敌人吃掉，它们就会共同建立一个白蚁王国，携手统治王国多年。蚁王必须定期和蚁后交尾，以确保受精卵的补给。最初，它们会亲自喂养第一批幼虫，当第一批幼虫变为成熟的工蚁之后，这对夫妻就可以专心负责繁殖后代了。

体形怪异的蚁后

蚁后的后腹部迅速膨胀，大到再无法走出蚁后室，只能完全依靠孩子们的照顾。在这个时候，蚁后看起来就像一只体形怪异的白色蛆虫。一只白蚁蚁后每天可产下几千颗卵，工蚁们得负责把这些胶囊状的虫卵从蚁后室搬到孵化室，细心舔舐，帮助它们清洁全身，给它们涂抹分泌物，让它们远离各种细菌感染。当稚嫩的幼虫孵化出来后，保姆们又会给它们投喂食物。幼虫最后究竟会发育成工蚁、兵蚁还是长着翅膀的蚁后，或许是由它体内的荷尔蒙控制的吧。

创造纪录

14 厘米

非洲大白蚁蚁后会选择在体内孕育虫卵，怀孕时，它的体长可达 14 厘米。

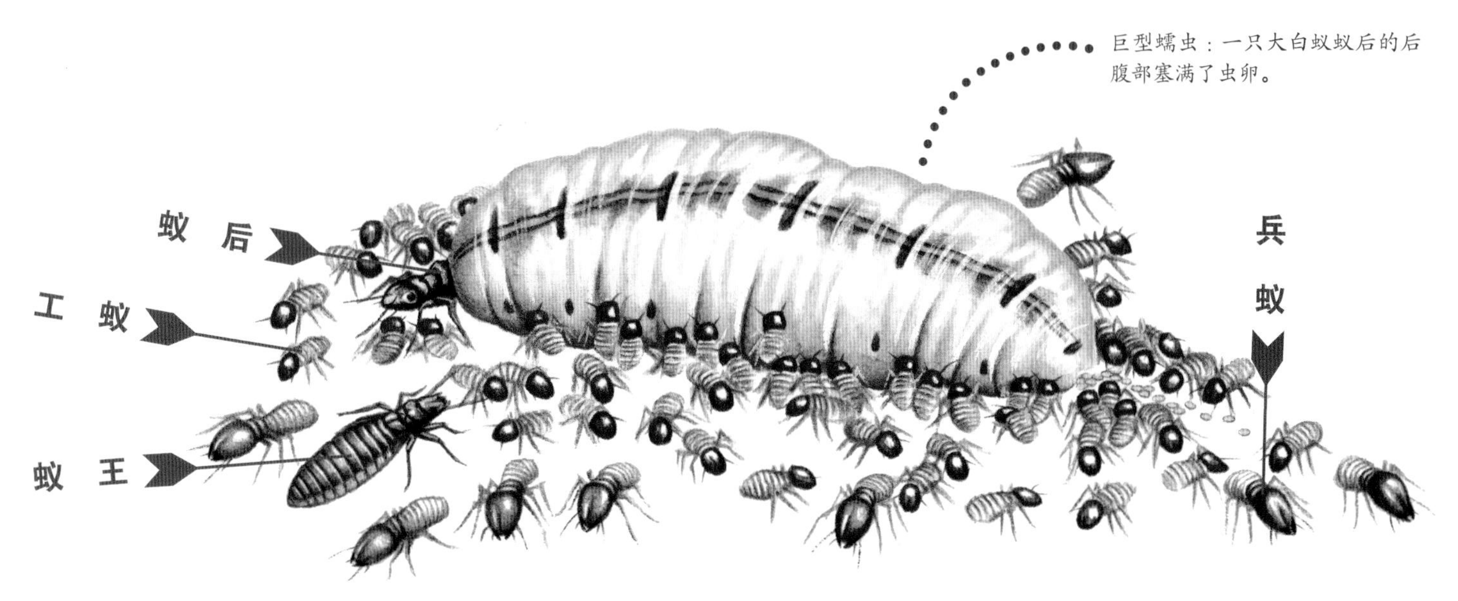

巨型蠕虫：一只大白蚁蚁后的后腹部塞满了虫卵。

昆虫建筑师

如果动物王国设立建筑师奖，白蚁无疑是最佳候选人之一。它们建造的白蚁大厦高达 9 米，深入地下数米，遍布非洲和澳大利亚。体形微小的白蚁建造出如此庞大的白蚁大厦，相较之下，人类的大教堂和金字塔就显得微不足道了。然而，只有高度进化的白蚁才能建造出这样一座座“纪念碑”，原始白蚁往往只能在木头中或地下建造巢穴，有些白蚁还会在树冠上搭建纸质巢穴。

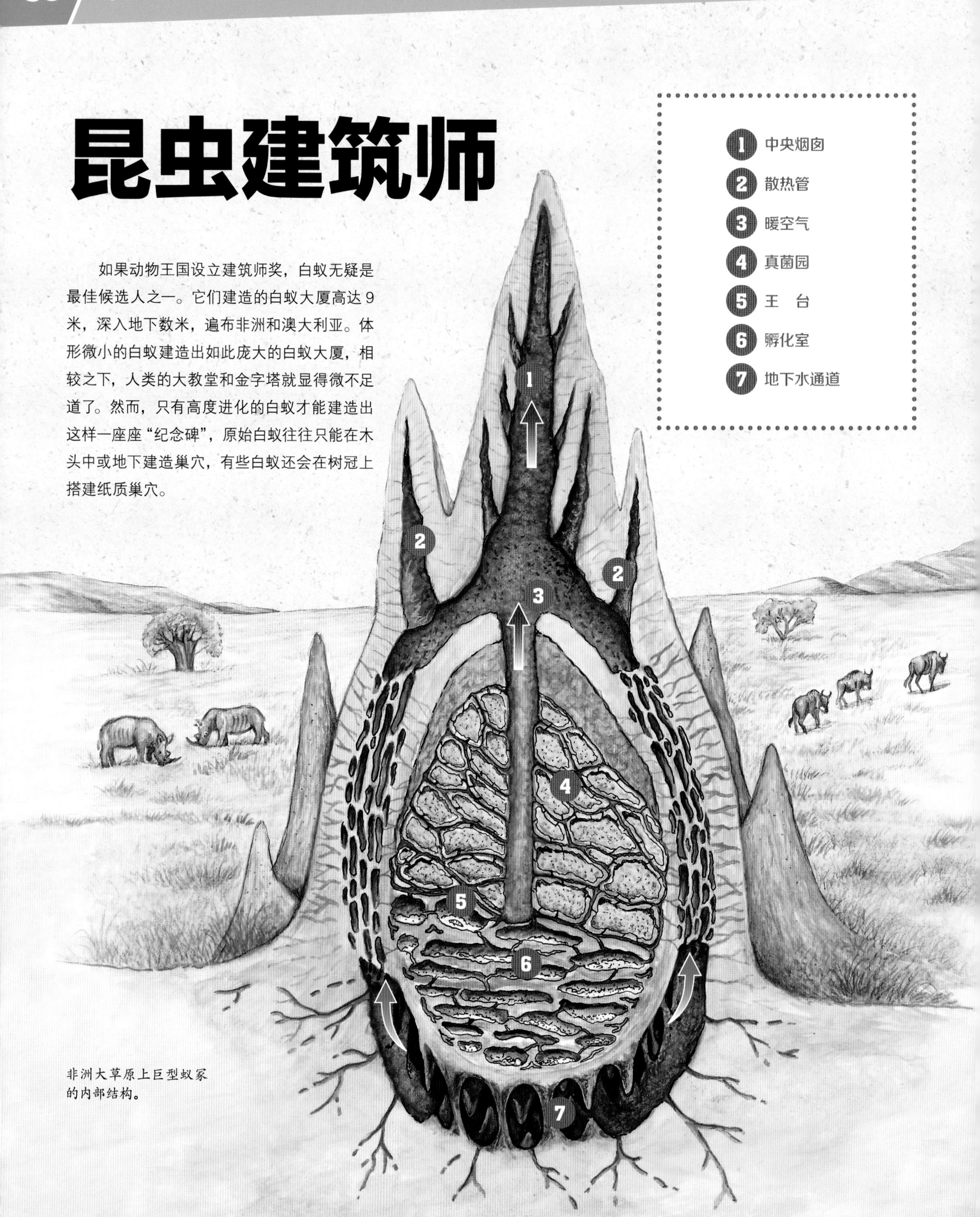

非洲大草原上巨型蚁冢的内部结构。

巧妙的空调设计

在炎热的草原上，白蚁蚁冢为白蚁提供了一个适宜生存的独立空间。暖空气从烟囱般的尖塔里升起，与此同时，尖塔上方会吹来阵阵凉爽的微风。长期以来，蚁冢里的温度保持在适宜的范围内，几乎不会波动。此外，由于内部空气十分湿润，发育成熟的白蚁、脆弱敏感的幼虫以及它们种植的真菌都不会干涸而死。当然，厚而坚硬的墙壁也会保护蚁群免受捕食者的攻击。王台（蚁后室）位于蚁冢的中心，里面居住着蚁群的蚁王和巨型蚁后。其他的洞穴分别是孵化室、真菌园和储藏室。不过，不同的蚁冢看起来可能形态各异，除了高耸的烟囱状蚁冢外，还有块状或蘑菇状蚁冢。有些蚁冢有无数尖尖的城垛和塔楼，不禁让人联想起童话中的城堡。蚁冢千奇百怪的形状完美地适应了不同的自然环境。

罗盘白蚁建造巢穴时匠心独运：它们狭长的建筑准确地朝向北方，几乎不给正午炙热的阳光留下任何直接照射的机会。

妙手偶得的杰作

白蚁王国既没有建筑师，也没有监工。蚁冢纯粹是数千只工蚁妙手偶得的杰作。当蚁族中的一只白蚁突然心血来潮，在某个时候、某个地点用泥土、唾液和粪便的混合物筑造巢穴，其他白蚁也会主动参与。随着参与建筑施工的白蚁建筑师越来越多，一个几米高的蚁冢突然拔地而起。白蚁们无心插柳，这种无计划的工作行为被称为“自组织”。然而，我们人类至今无法完全理解：这些昆虫究竟是如何取得令人难以置信的成就的？

你知道吗？

被废弃的蚁冢是重要的生物栖息地：蚁冢的土壤肥沃而湿润，如果植物在此生根发芽，长势必将十分喜人，这样一来，空巢就会成为大草原上大树的生长基地。蛇和其他小动物也喜欢在蚁冢中定居，比如这只桃额锥尾鹦鹉就正在白蚁蚁冢中筑巢。

在蚁冢中垂钓

黑猩猩喜欢营养丰富、柔软多汁的白蚁，为了把这些昆虫从它们的堡垒里弄出来，这种聪明伶俐的类人猿会把一根小木棍插进蚁冢的入口。白蚁兵蚁立刻攻击这个“不明入侵者”，并死死咬住它。此时，黑猩猩只需耐心等待木棍上爬满白蚁，抽出后即可饱餐一顿。钓白蚁的故事告诉我们：不只是人类，动物也会使用工具。

两只黑猩猩正在蚁冢旁钓这些小小的白蚁，看起来非常有趣！

聪明的类人猿会把垂钓用的小木棍钓钩咬成适合插进入口的粗细。

相似而不相同

虽然蚂蚁和白蚁都是昆虫，但是它们之间的亲缘关系并不会比老鼠和熊猫更近。因此，它们能有如此多相似之处的确令人震惊。不同起源的生物族群发展出相似的行为或身体特征，这种现象被称为“趋同进化”。

白　蚁

蚂　蚁

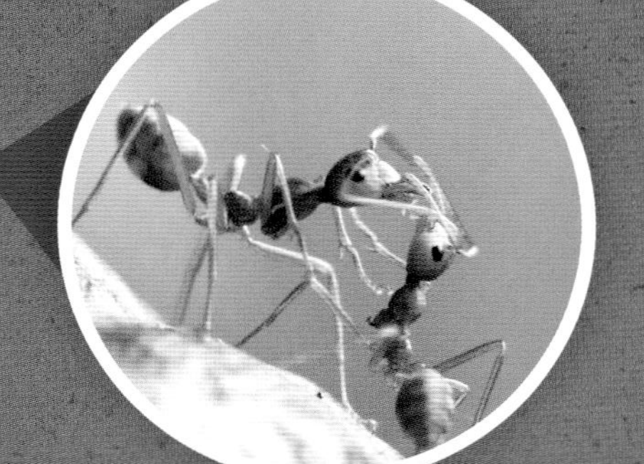

相　似

共同生活

蚂蚁和白蚁无一例外都生活在群体王国里，个体无法独立生存。蚁群有明确的劳动分工，不同类型的蚂蚁和白蚁各司其职：蚁后负责产卵和繁衍后代，雄蚁负责交配和受精，工蚁负责觅食、筑巢和育幼，兵蚁负责保卫蚁群。

秘密武器

为了保护自己，无论是蚂蚁还是白蚁，都拥有两项秘密武器：一是它们锋利的钳状口器，二是它们分泌的毒液。

种植真菌

蚂蚁和白蚁都会在巢穴内种植真菌，并以此为食，滋养真菌的培养基是被嚼碎的、掺入粪便的植物。这些昆虫会和它们种植的真菌共生：没有真菌，它们无法生存，而离开了蚁巢，这些真菌也无法在其他地方生长。

气味信号

蚂蚁和白蚁利用气味相互沟通和交流，我们将这种气味信号称为“信息素”。借助这种气味信号，它们能够区分同伴和敌人，标记运输食物的道路，或者提醒同伴协助它们完成工作。

不 同

外貌特征

从外表上看，蚂蚁和白蚁的区别在于：蚂蚁有细长的腰部和弯曲的触角，相比之下，白蚁的腰部更宽，触角更粗，看起来就像珍珠串一样来回摆动；四片长长的翅膀是白蚁蚁后和蚁王的标志，相比之下，蚂蚁的后翅要小得多，并且前后翅连接在一起。

成长经历

蚂蚁在成长过程中会经历一次彻底的转变，幼虫和成虫几乎没有相似之处，经历蛹期后，蚂蚁才最终成形，我们称之为“完全变态发育”。但反观白蚁，白蚁幼虫和成虫在外形上十分相似，因为白蚁不会经历蛹期，而是通过多次蜕皮慢慢长大，我们称之为“不完全变态发育”。

食物类型

蚂蚁是杂食性动物，即使有些蚂蚁主要以种子为食，但当它们找到可以食用的昆虫时，也会甘之如饴。与此相反，白蚁多为素食主义者，它们喜欢啃食木头，有时也吃真菌，如果它们杀死其他动物，那也只是为了保护自己的族群。

婚姻生活

蚂蚁的蚁后一生只交配一次，雄蚁会在婚飞不久后死亡。而白蚁的蚁王和蚁后会定期交配，可以共同生活很多年。

知识加油站

- 如果昆虫经历了从卵、幼虫、蛹到成虫的发育过程，这种成长类型就属于完全变态发育。除蚂蚁外，甲虫、苍蝇和蝴蝶也会经历完全变态发育。
- 如果昆虫的幼虫（若虫）不经历蛹期，且形态与成虫相似，这种成长类型就属于不完全变态发育。除白蚁外，蝗虫和蜻蜓也会经历不完全变态发育。
- 缨尾目昆虫是古老的昆虫，它们属于中小型原始无翅昆虫，例如蠹鱼。蠹鱼的幼虫不会经历变态发育，初孵幼体已具备成虫的基本外形特征。

土白蚁访谈录

有人吗？

咯吱咯吱，咯吱咯吱……

姓　名：土白蚁
职　业：啃木工
年　龄：3 岁
居住地：房梁

谁在咯吱咯吱咬我的房子？

谁说是你的房子？我们也住在这里！我们白蚁王国有五千万个成员呢。顺便说一句，这个房子简直太舒服啦！我们喜欢冬天有暖气的房子，房梁的木头非常美味！

可是，你们咬房梁，房子会塌的！

哎呀，很多年后才会塌呢。我们整个蚁群每天也只会咬几克罢了。不过，你还是得注意：虽然从外部看，房梁完好无损，但如果敲一下，你会发现里头都已经空了，因为房梁内部被我们咬出了一条条管道，变得好像一块海绵。

恕我直言，你们破坏我的家有点太不道德了！

到底是谁在破坏谁的家？我们白蚁啃木头已经有 2 亿多年的历史了。很久以前，我们在没有房屋的环境里生活得好好的，我们住在森林里，以树木为生。但是你们人类到处乱砍滥伐，摧毁我们的森林家园。如果你们砍伐森林，建造房屋，让我们不得不迁居到你们的房子里，那我只能说这一切都是你们自己的错。

所以，你们真的吃树？

有时我们会啃食活树和灌木的根部，不过我们最喜欢枯木。在森林中，因为我们啃食了大量干枯、腐烂的木材，不知道已经阻止了多少起森林火灾呢！你们人类可得好好感谢我们。

确实应该感谢你们，但你们也不能把我的屋顶啃光吧，除了木材，你们就不能吃点别的东西吗？

那好吧，我们也喜欢棉花和纸。仓库里到处都是废旧的书籍，我们目前正在挖掘通往书架的隧道……

汉堡的入侵者

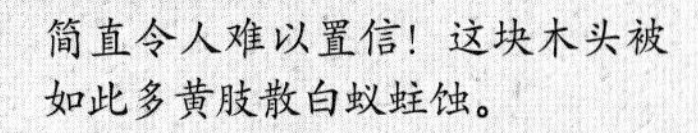

简直令人难以置信！这块木头被如此多黄肢散白蚁蛀蚀。

1937 年，德国汉堡的一位建筑工人把自己的夹克挂在一根木桩上，木桩突然碎成细屑，散落一地。不久，房主注意到屋顶的房梁开始松动，人们立刻找出了破坏者——来自北美洲的黄肢散白蚁，它们正在逐渐瓦解这座城市。据说，它们可能曾藏身于一堆建筑木材中，随船一起到达德国。没人知道这些昆虫究竟是何时入境的，但它们肯定已经在此定居一段时间了，因为这些喜爱啃噬木头的昆虫已经入侵了大量的房屋。

美味的法院文件

黄肢散白蚁无法熬过寒冷的冬天，所以不可能是德国本土物种。但是，汉堡地下的集中供暖管道会加热土壤，这些来自北美洲的客人在那里找到了舒适温暖的住所，它们会在连接木地板和屋顶架的通道里安家。位于西夫金广场的汉堡州立民事法院看起来气派而壮观，但黄肢散白蚁们却早已在这栋建筑物里安家落户。除了木质护墙板外，它们在那里还能享受美味的法院档案文件。黄肢散白蚁的入侵让整个汉堡面临倒塌的风险，汉堡市政府必须不断拆除被黄肢散白蚁蛀蚀的房子。

毒药是最后的手段

汉堡市政府十分绝望，他们曾一度试图用毒药根除黄肢散白蚁。人们在被黄肢散白蚁侵蚀的房屋周围的土壤里撒上大面积的杀虫剂，但这些化学毒药见效甚微。看来，只有使用特殊的诱饵才能成功制服这些令人讨厌的家伙。诱饵上混入小剂量的毒药，黄肢散白蚁并不会立即死亡，但它们会把有害物质喂给同伴和幼虫。一段时间后，整个蚁群或许就会消亡。不过，想要将黄肢散白蚁彻底消灭绝非易事，汉堡人一旦放松警惕，它们随时可能卷土重来。

这栋位于汉堡加罗林区漂亮的木质房屋已经岌岌可危，黄肢散白蚁的过度啃食使它随时面临坍塌。

在 20 世纪初，一定有一艘货船无意间将藏有黄肢散白蚁的木材运到了德国汉堡。

红褐林蚁不仅是森林里的益虫，也是优质的食用昆虫、药用昆虫。

消失的生物多样性

十分罕见的毛眼林蚁喜欢稀疏的浅草地和林间空地。

生活在地板或插座里的昆虫也会面临灭绝吗？很遗憾地告诉你，是的。虽然蚂蚁看似无处不在，这些小昆虫在城市的各个角落里安家落户，连人类也没把握能彻底消灭它们，但它们只是蚂蚁家族里常见的几类，绝大多数蚂蚁对筑巢地点的要求更高。在汽车轰鸣的城市里，蚂蚁们也更喜欢各式各样温暖而干燥的场地：绿色的草坪、暖洋洋的林中空地、未耕作的空地，只可惜这样宜居的土地越来越少了。

毁林开荒的危害

森林里铺满了层层叠叠的枯枝残叶，踩在上面会发出咯吱咯吱的声响。和许多其他昆虫一样，这里也是蚂蚁的天堂。在其他地方，从前稀疏的干草地上时常还有几只绵羊在吃草，但现在都已经开发为耕作的农田，农民还会在农田喷洒杀虫剂。在德国 111 种本土蚂蚁中，超过半数的种类已经被列入濒危物种红色名录。在生物多样性更丰富的热带雨林中，蚂蚁面临的情况可能更糟糕，因为亚马孙雨林中的一棵树上就可能生活着 95 种蚂蚁！如果人们不断毁林开荒，甚至伐光一片雨林，那极有可能导致某些

腿部绒毛浓密的山地蚂蚁也被列入了濒危物种红色名录，它们只生活在海拔 2400 米左右的山区。

你知道吗？

蚂蚁在厨房里显然不太受欢迎。尽管如此，尽量不要使用有毒喷雾或诱饵捕杀它们，用些薰衣草或肉桂就可以了。香草散发的香味会扰乱蚂蚁敏感的嗅觉，让它们自动远离厨房。经证实，喷洒小苏打也能干扰蚂蚁的路线，破坏它们的藏身之处。

曾经的生物天堂，如今只剩下光秃秃的树干：随着热带雨林不断锐减，珍稀的动植物物种也会陆续消失。

物种的完全灭绝。如果人类继续破坏生态平衡，破坏生物多样性，造成的严重后果也必将令人触目惊心。

本地蚂蚁沦为流浪汉

蚂蚁最大的生存威胁并不是来自人类，而是它们最凶狠、最可怕的同类，同类相残甚至会直接导致种族灭绝。外来蚁种入侵早已成为世界性难题，这些小家伙们不动声色地乘坐飞机和货船环游世界，常常会对当地物种的生存空间造成巨大的破坏。南美红火蚁就曾入侵过北美洲，这种攻击性极强的昆虫肆无忌惮地残杀本地蚂蚁。与此同时，阿根廷蚁军团不断逼近欧洲南部，这种蚂蚁在老家常与同类相互厮杀，到了欧洲却开始与同类和平共处，估计这些移民格外珍惜异国他乡的亲人吧！它们互相交换气味，确定彼此的亲戚关系，在当地建立庞大的蚂蚁王国。势力逐渐强大的它们开始大举进攻本地蚂蚁，试图霸占和统治新的领土。

个头小，但很厉害：三只阿根廷蚁合力杀死了一只比它们体形大得多的马里科帕须蚁。

➡创造纪录

6000 千米

阿根廷蚁的巨型群落长达 6000 千米，从意大利的地中海沿岸一直延伸至西班牙北部。

观察蚂蚁

如果你家里有座小花园，里面一定生活着成群的蚂蚁。或者你也可以去附近的公园和森林里找一找，在温暖而干燥的地方最容易看到蚂蚁的身影，观察这些忙碌工作的昆虫容易使人深深着迷。但是注意了：红褐林蚁在有些国家受到了严格的保护，你只能在一个安全的距离外观察它们，千万不要捕捉它们或者挖蚂蚁窝。

红褐林蚁

红褐林蚁的蚁冢十分引人注目。除了红褐林蚁外，森林里还有许多亲缘关系十分接近的蚂蚁，外行很难区分它们。

可以把蚂蚁当作宠物来养吗?

越来越多的人开始在家里养蚂蚁，这样就可以长时间观察它们了。要想实现这个想法，你最好准备一个特殊的玻璃容器，我们称之为蚂蚁生态瓶，有些生态瓶甚至还设计成了可以看见蚁巢内部的样子。就像饲养家庭宠物一样，你应该了解饲养的各项细节，蚁后和饲养用的各种配件现在也都可以在一些专门的商店购买到。许多本地蚂蚁都比较容易饲养，但宠物蚂蚁需要的关注和照料并不比其他宠物少!

蚂蚁生态瓶有助于我们观察蚂蚁的地下生活。

黑褐毛蚁

黑褐毛蚁的环境适应性非常好，我们不用花太长时间就能找到它们。它们通常会把蚁巢建在石头下，这种体长仅有 5 毫米的小动物喜欢吸取蚜虫分泌的蜜露。

黄毛蚁

黄毛蚁和黑褐毛蚁是近亲，不过体型略小一些。与它们黑褐色的堂姐妹不同，这种蚂蚁喜欢潮湿的土壤，经常出现在牧场里，有时在草木茂密的花园里也能找到它们。这些动物大多数时间都待在地下，也喜欢以蚜虫分泌的蜜露为食。

DIY 手工制作专区

小小研究员的蚂蚁实验室

作为未来的自然科学家，你对观察蚂蚁一定充满期待吧！你可以用黑褐毛蚁做实验，因为这种蚂蚁不会对人造成伤害。想不想测试一下蚂蚁顺着气味寻找食物的能力？那就做一做这个简单的实验吧！

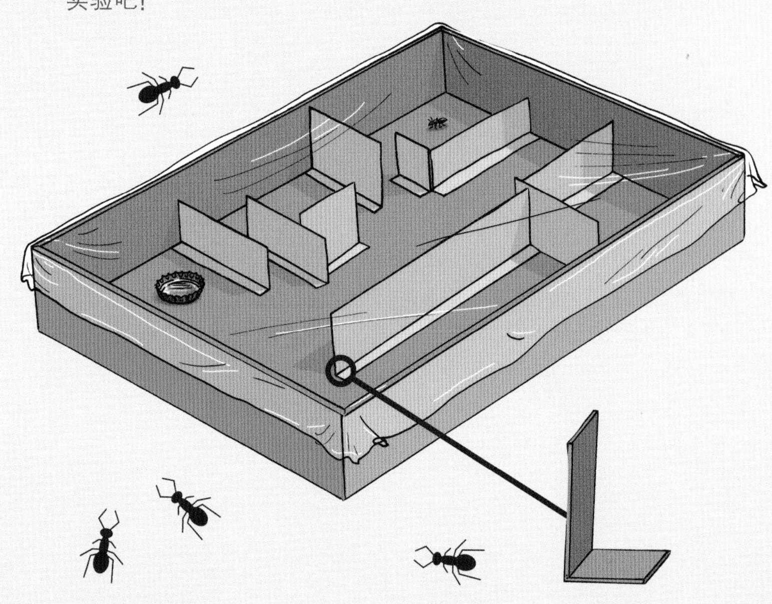

准备材料：

- 无盖的纸盒
- 薄纸板
- 胶水和胶带
- 保鲜膜
- 啤酒瓶盖
- 糖
- 计时秒表

开始制作吧：

首先，用纸盒和大小合适的薄纸板做出一个迷宫，最好把纸板折成 L 状，这样就能留出可以黏合的空间。然后，准备一勺糖和少许水，将其搅拌成浓浓的糖浆，把糖浆倒在瓶盖上，将瓶盖放在迷宫里。现在你可以把一只蚂蚁放在迷宫岔路的另一端，然后用保鲜膜将纸盒密封起来。这只蚂蚁需要多久才能找到糖浆呢？把蚂蚁放回起点，再试一次，现在它的速度变快了吗？其他蚂蚁又需要多少时间找到目标呢？别忘了实验结束后，把这些小动物放回大自然哦！

名词解释

一只红褐林蚁正在伸展后腹以防御敌人的袭击，它的螯针上悬挂着小水滴状的蚁酸。

露营地：供徒步旅行者或登山者临时过夜的营地。

几丁质：一种坚韧但可以弯曲的物质，是许多甲壳类动物、昆虫和其他无脊椎动物外骨骼的主要成分。

代　码：由一串字符组成的序列，用于表达某些不为人知的信息，例如莫尔斯电码，它可以用于某一团体的秘密通信。

腺　体：生物体内产生和分泌液体的组织器官，这些液体包括眼泪、唾液和蚁酸等。

腐殖质：植物和动物遗骸分解后产生的肥沃土壤。

幼　虫：从卵中孵化出来的昆虫幼体，有些幼虫和成虫的外观不太相似。

拟　态：一只无害的生物模仿危险生物或不可食用生物的外观，以保护自己免受捕食者攻击。

进　化：生物一代一代逐步发展和演变的过程。

膜翅目：除甲虫（鞘翅目）、蝴蝶（鳞翅目）之外的昆虫纲第三大目，种类超过 10 万种。

油质体：植物种子上富含蛋白质和脂肪的附着物，它可以诱使蚂蚁把种子带回蚁巢。在此过程中，种子得以传播。

阶　级：特定社会群体中某一等级的团体，不同阶级的成员通常会从事特定的职业。

免疫系统：生物体内抵抗病原体入侵的防御系统。

族　群：某种生物集合在一起，通过交配繁衍后代。

基　因：细胞核内遗传信息的化学载体，它是控制生物性状的基本遗传单位。

信息素：一种有助于动物族群内部相互交流的芳香型物质。

超级个体：通常由昆虫族群组成的生物群体，群体比个体拥有更团结、更强大的能力。

基因组：生物体内所有可遗传信息的总和，比如体型大小或眼睛颜色等，由细胞核内一连串化合物序列组合而成。

素食主义者：只吃植物类食物不吃动物类食物的生物物种。

招　募：蚂蚁号召蚁巢的同伴共同工作、觅食或捍卫巢穴。

猛　蚁：分工不明确的原始蚂蚁，它们会建立较小的族群。

变态发育：动物从幼体到成体的形态转变，比如蚂蚁或蝌蚪都会经历变态发育，幼体和成体在器官和身体结构方面会有较大差别。

蛹：昆虫幼虫发育的最后一个阶段，此时幼虫通常会藏身于一个保护壳里，我们称之为“茧”。

社会生物学：一门科学学科，探讨是否可以用生物学知识解释人类和动物的社会行为，以及如何解释这种社会行为。

分泌物：腺体产生的体液，比如蚁酸或蛇毒。

培养基：提供植物或真菌生长的营养物质，例如栽花的泥土。

共　生：不同生物物种共同生活，互惠互利，合作共赢。

若　虫：不完全变态昆虫的幼虫，其外观与成虫类似。白蚁若虫专指那些开始长翅膀，即将发育成白蚁蚁王或蚁后的幼虫。

图片来源说明 /images sources :
akg-images: 43下左; Archiv Tessloff: 47上右; Corbis Images: 2下右（Alex Wild/Visuals Unlimited），15上右（Kage-Mikrofotografie/Doc-Stock），31下右（AlexWild/Visuals Unlimited），40下中（Anthony Bannister/Gallo Images）; Durham, Michael: 43上右; flickr: 3下右（Marcello Consolo），47中左（Marcello Consolo）; FOCUS Photo-und Presseagentur: 36下右（MATTEIS/LOOK AT SCIENCES/SCIENCE PHOTO LIBRARY）; Getty Images: 22下中（Mark Moffett），31上右（Oliver Strewe），35上右（Science Faction），35下左（Science Faction），37下（Dorling Kindersley），39上右，45上中（luoman）; Hamburg Stadtarchiv: 43下; Hamburger Morgenpost: 43中右（Quandt）; Hölldobler, Friederike: 5上左; Hölldobler, Karl; 4中左; iStock: 12中左（gionnixxx）; Kolb,Arno: 2中左，3中右，6下左，6下左，14下左，19下左，24–25背景图，38背景图; Laska Grafix: 3下左，32–33，42上; McLeod, Ellis: 4下左; NASA: 45下左; Nash, David: 21下右; Nature Picture Library: 3上右（Visuals Unlimited），6上（Bence Mate），11上右（Ingo Arndt），11上左（Nature Production），11中右（Alamy），20下右（Stephen Dalton），23下右（Visuals Unlimited），25下右（Alex Hyde），35上左（Visuals Unlimited），39下中（Anup Shah），39下右（Karl Ammann），40下右（Ingo Arndt），46上右（Ross Hoddinott/2020VISION）; Naturfoto.cz: 21上左（Pavel Krasensky）; picture alliance: 2中（Arco Images/H. Gehlken），9上左（Tim Nowck），12下中（Bildagentur-online），13中左（AlanRoot/OKAPIA），13中（M. Harvey/WILDLIFE），15中左（SPL），15下右（SPL），15上左（SPL），19中右（Arco Images/H. Gehlken），22上中（NHPA/photoshot/GEORGE BERNARD），22中（NHPA/photoshot/GEORGE BERNARD），44上(blickwinkel/M. Lenke)，46下中（John Mason/ardea.com）; Shutterstock: 1背景图（sutipong），2上右（Andrey Pavlov），4背景图（Mau Horng），5下右（Matee Nuserm），7下左（VanderWolf Images），8下（Andrey Pavlov），9上右（Tan Hung Meng），10下左（AndreAnita），13上右（smereka），13上中（Eric Isselee），13背景图（Chase Clausen），13下右（Faraways），15下左（irin-k），16上左（pattara puttiwong），17下（Tomatito），22背景图（Wan Norazalini Wan Hassan），23上左（tonyz20），26左（Acambium64），30–31背景图（InavanHateren），34下左（kurt_G），35下右（Lightspring），35中（Pan Xunbin），36背景图（matteobedendo），40下左（Byelikova Oksana），40上左（juras10），40上右（Toa55），41下左（Protasov AN），41上右（skynetphoto），45上右（Banana Republic images），46下右（bofotolux），46上中（Andrey Pavlov），46中中（Dmitriy Raykin），46中右（paulrommer），47下左（Eder）; Thaler, Wolfgang: 5上右，27上右; Thinkstock: 2中右（Henrik_L），7上右（Aksam），7下中（defun），9下左（benedamiroslav），10背景图（drleftyadelphianet），12上左（empire331），12下左（istock/VvoeVale），13下左（wx-bradwang），15中（Henrik_L），16背景图（Digoarpi），20中右（Evgeni Stefanov），25上左（Henrik Larsson），41上左（Henrik_L），48上右（abadonian）; Wikipedia: 8中左（Herbert Rose Barraud），14上右（Anders_L_Damgaard），21下右（Svdmolen），23中右（Didier Descouens），41上中（F_Boehringer），44下右（R_Bartz），44中左（Dagmar Struss），46下左（Grook Da Oger）; Wild,Alexander: 3中左，6下右，7下右，8上右，17上右，18背景图，18上左，19上右，20上，21中，21上中，21上右，22下右，23上右，26下右，27上左，27下右，27下中，27中右，29中右30中右，30下，34上右，36下左，36上左，37上左，40上中，41下中，41下右，45下右
环衬: Shutterstock: 下右（VikaSuh）
封面照片: skynetphoto
封4:Corbis Images（Theo Allofs）
设计:independent Medien-Design

内 容 提 要

本书详细地向读者介绍了蚂蚁和白蚁的区别，并从不同的角度向读者分别讲述了蚂蚁和白蚁的形态特征、生活习性和不同的行为习惯。《德国少年儿童百科知识全书·珍藏版》是一套引进自德国的知名少儿科普读物，内容丰富、门类齐全，内容涉及自然、地理、动物、植物、天文、地质、科技、人文等多个学科领域。本书运用丰富而精美的图片、生动的实例和青少年能够理解的语言来解释复杂的科学现象，非常适合7岁以上的孩子阅读。全套图书系统地、全方位地介绍了各个门类的知识，书中体现出德国人严谨的逻辑思维方式，相信对拓宽孩子的知识视野将起到积极作用。

图书在版编目（CIP）数据

蚂蚁和白蚁 /（德）雅丽珊德拉·里国斯著 ；张依妮译. -- 北京 ：航空工业出版社，2022.3（2024.1 重印）
（德国少年儿童百科知识全书 ：珍藏版）
ISBN 978-7-5165-2903-4

Ⅰ. ①蚂… Ⅱ. ①雅… ②张… Ⅲ. ①蚁科－少儿读物②等翅目－少儿读物 Ⅳ. ① Q969.554.2-49
② Q969.29-49

中国版本图书馆 CIP 数据核字（2022）第 024947 号

著作权合同登记号
图字 01-2021-5952

AMEISEN UND TERMITEN Fleiβige Baumeister
By Alexandra Rigos

蚂蚁和白蚁
Mayi He Baiyi

航空工业出版社出版发行
（北京市朝阳区京顺路 5 号曙光大厦 C 座四层　100028）
发行部电话：010-85672663　010-85672683

鹤山雅图仕印刷有限公司印刷　　全国各地新华书店经售
2022 年 3 月第 1 版　　2024 年 1 月第 4 次印刷
开本：889×1194　1/16　　字数：50 千字
印张：3.5　　定价：35.00 元

船的故事
从独木舟到远洋邮轮

飞机的秘密
人类飞行的梦想

火山探秘
来自地底的火焰

七大奇迹
上古时期的宝藏

汽车世界
精彩的汽车发展史
鲨鱼家族
海洋里的凶猛猎手

百变天气
阳光、风和暴雨

穿越大自然
探究与保护

鲸和海豚
海洋里的哺乳动物

恐龙王国
永远消失的地球霸主

矿物与岩石
闪闪发亮的宝藏

爬行与两栖动物
壁虎、林蛙和巨蜥

大自然的力量
难以估量的威力

改变世界的电
高电压与超导体

各种各样的鱼
水下的奇妙世界

猫的家族
拥有柔软脚爪的敏捷猎手

奇境森林
动物和植物的天堂

忠诚的狗
四只爪子的英雄

浩瀚宇宙
宇宙的秘密

狼的故事
走进荒野猎食者的领地

蚂蚁和白蚁
了不起的建筑师

美丽的蝴蝶
色彩斑斓的自然精灵

蜜蜂和胡蜂
美味的蜂蜜与可怕的蜇针

潜水的魅力
潜入水下的迷人世界

古老的希腊文明
诸神、英雄和诗人

古罗马生活
古罗马城的社会百态

欧洲风情
人口、国家和文化

骑士时代
城堡、比武大会和贵族女性

舞动的音符
走进音乐的奇妙世界

古老的城堡
中世纪的见证

熊的秘密生活
棕熊、大熊猫、北极熊

化石档案
生命的痕迹

奇妙的昆虫
六条腿的生存艺术家

极地世界
生活在冰雪王国

神秘的蜘蛛
丝线上的猎手

大象王国
温和的“巨人”

海底宝藏
沉没的宝藏

海洋之谜
海洋研究与保护

火星登陆
红色星球定居计划

忙碌的农场
动物、植物与农业机械

时尚魅影
时尚的古与今

全球气候
冰期和气候变化